ユーザー中心組織論

あなたからはじめる心を動かすモノづくり

金子剛
並木光太郎

技術評論社

「心の動かし方」はモノづくりをする人にとっての新しい教養です。

価値あるモノづくりをしたいすべての人へ

「モノづくりで世の中を変えたい」「自分の関わるプロダクトでたくさんの人を喜ばせたい」……いろいろな夢を胸にモノづくりの世界に飛び込んだものの、組織の中で自分ひとりでできることや社会に与える影響がなんと小さいことかと思い知らされている方は多いと思います。

組織によるモノづくりは、ひとりでは実現できない大きな価値を生み出すことができます。しかし、大きな組織になればなるほど、所属する一人ひとりは、相対的に自分の存在を小さく感じてしまいがちです。まして、人間がひとりで生み出せるものはとても限られていて、ひとりで世界を変えることができる天才はほんの一握りです。

そんな現実を知っても、いつか天才が生み出すようなプロダクトをつくりたいともがく人もいるでしょう。一方で、自分の凡庸さを受け入れ、夢を忘れて組織の歯車であることを受け入れた人もいるでしょう。

私自身も、いちデザイナーとして「偉大なプロダクトを生み出したい」という思いでモノづくりの世界に飛び込みました。かつての私にとっては、自分がつくったグラフィックやウェブページなど、ユーザーの目に見えるものだけがモノづくりの成果でした。そこだけで大きなことを成し遂げようと必死にもがきましたが、「ひとりの限界」にぶつかりました。

ところが、私の小さな一挙手一投足が、組織を通してプロダクトに影響を与えていると気づいたとき、見えている世界が変わりました。

ひとりで見える成果をつくろうとするのではなく、自分のまわりに影響を与えることに視点を移すことで、自分の思いや夢を実現できるかもしれないと気づいたのです。本書も、私（金子）ひとりではなく、たまたま同じ組織にいた部門も役割も異なる並木に声をかけたことをきっかけに実現した、ささやかな成果です。

小さな行動でモノづくりは変わる

駆け出しのころの私は、思ったような成果が出せず、自分の力でプロダクトを変えることができない日々が続き、自身の影響力のなさに打ちひしがれていました。

そんなあるとき、私のモノづくりに対する考えを大きく変える出来事がありました。

私はユーザーリサーチを担当していて、ユーザーの抱える課題に気づきながら、その解決策が思い浮かばず悶々とした日々を送っていました。ある日、別のプロダクト開発に関わる同僚と帰り道がたまたま一緒になりました。「この人に言っても問題が解決するわけではない」と思いながら、私は課題解決の案が思い浮かばず悩んでいることをポロッと同僚に伝えました。

同僚は、自社のプロダクトのユーザーがそんな課題を抱えていることを知りませんでした。しかし、他のプロダクトで似た課題を解決したケースを経験していて、私が考えていたよりも簡単に解決策を実装できる方法を知っていました。私は意外なところから解決の糸口が見つかったことに喜び、「どうすればそれは実現できるのか」と同僚と夢中になって語り合いました。

翌日から本格的に同僚と議論をはじめました。彼は別の業務を任されてはいましたが、自分の経験が活かせることもあって快く協力してくれました。簡単な試作品ができる段階までこぎつけ、勇気を出して上司や他の同僚に披露してみると反響があり、他にも協力してくれる人が次々と現れました。試作品を実際のプロダクトに仕上げてくれるエンジニア、デザイナーの仲間が現れました。広報担当者は、できあがったプロダクトを効果的に社外にアピールしてくれました（それまで、私は広報などなくてもよいプロダクトは自然と広まると考えていました）。最終的にプロダクトをリリースすると、ユーザーから思った以上の反響を得られました。

このエピソード自体は、よくある組織の中でのささやかな成功体験に見えるかもしれません。しかし、**ひとりで価値を生み出そうともがいていた私にとって、同僚とのふとした立ち話からユーザーに価値を届けるに至ったこの出来事は、私のモノづくり**

に対する考えを大きく変えました。

私は、自分だけで新しい価値を生み出すのがどれだけ難しいかにはじめて気づきました。新しい価値を生み出すには、システムやオペレーションなどを担当するさまざまなメンバーとアイデアを掛け算し、ともに模索することではじめて実現できるのだと気づきました。

モノづくりは、人の心を動かす仕事です。組織内の無数のやりとりの中で、あなたがほんの少し行動を変えて一緒に働くメンバーの心を動かすだけでモノづくりの流れは変わります。

小さな流れはやがて大きなムーブメントにつながる可能性があります。これらの小さな成功は、組織の大小にかかわらず起こすことができると、その後さまざまな組織でマネジメントを経験し、事例に直面する中で確信しました。

みなさんがつくっているモノは、組織に所属する人々の関係性が生み出しています。組織に所属する人々がお互いに影響しあい、無数のコミュニケーションとプロセスを経て、最終的な成果物が生まれます。自身の熱量をうまく伝えることができれば、それに呼応する人が現れます。やがて組織が熱狂し、その先のユーザーをも熱狂させるモノが生まれるかもしれません。

人の心がモノづくりの中心に

「モノづくり」というと、「職人の手仕事で生み出される形あるモノ」といったイメージを持つ人もいるかもしれません。本書では、形あるモノだけでなく、ウェブサービスなどの形のないモノも含め、組織のあらゆる創造的な活動はすべて「モノづくり」と表現したいと思います。

私が思う偉大なモノとは、多くの人の心を強く揺り動かすモノです。

モノは、人が利用してはじめて価値が生まれます。社会現象を巻き起こし、多く利益をもたらし、生活を一変させるようなモノは人々の心を大きく動かしています。

人々の心を動かすモノを生み出すためには、人の心をよく理解しながらトライアンドエラーを繰り返していかなければなりません。

そしてまた、そんなモノを生み出すのも人間です。モノづくりに関わる人数が徐々に多くなっている昨今においては、ともにモノづくりに参画するメンバーの心を理解し動かすことが、よいモノを生み出すための近道です。

社会にムーブメントを起こすため、まず組織の内部からムーブメントを起こす必要があります。そのために人の心をよく知り、影響を与えるための方法を学んでいきましょう。

私自身がムーブメントと表現していることの成果は、生活の中にすでにありふれています。普段使うスマートフォンのアプリかもしれませんし、お気に入りの文房具かもしれません。

多くの人は、ムーブメントとなった結果だけに目が向いていて、ムーブメントがさまざまな人々の小さな行動の積み重ねであることに気づいていません。あなたの組織で起きたムーブメントには、あなたの一挙手一投足が影響していたはずです。

本書のゴールはあなたに「ほんの小さな行動をデザイン」してもらうことです。

あなたの所属する組織、そこで一緒に活動する人々、生み出すモノ、これらの要素を「ユーザー価値」あるものにデザインし直していきます。あなたが小さな行動を起こせば、それはムーブメントにつながるかもしれません。

あなたがモノづくりの世界に飛び込んだときの情熱の火は、心の奥底で燃え続けているでしょうか。その小さな火があれば、ムーブメントまでの道を照らすには十分です。

ユーザー中心組織論　目次

1章

ユーザーと組織とあなた

2章

ユーザー価値

6章 目的に向き合うチーム

7章 学習するサイクル

10章 共創ムーブメント

1章

ユーザーと組織とあなた

なぜ、いまユーザー視点が重要なのか？

現在、世界はさまざまなモノであふれています。必要なものを選ぶための手段は店舗に行くだけでなく、インターネットの普及によって、世界中からより自分にあったものを選ぶことができるようになりました。

ユーザーのニーズは、衣食住のような原始的でわかりやすい価値から、**人それぞれのニーズにあった価値を選ぶように変わってきています。**

冷蔵庫や洗濯機など「生活必需品」と呼ばれる製品が誕生した直後は、冷蔵庫が冷蔵庫としての最低限の機能（物を冷やす）を持つだけで多くのユーザーに選ばれました。それが現在では、大きい冷凍庫がほしい、自動で氷をつくってほしい、脱臭機能がほしいなど、さまざまなニーズに対応する製品が販売されています。

さらに、商店街にある電気屋さんしか選択肢がなかった時代とは打って変わって、インターネットを通して世界中のメーカーから製品を購入できます。

ソフトを販売するサービスではどうでしょうか。映画を視聴することを考えると、テレビ、映画館のほかに、スマートフォンやパソコンも選択できる時代になりました。そしてスマートフォンのアプリだけをみても、さまざまな動画メディアが生まれ、ユーザーはそれを自分の好みに合わせて利用しています。現代のユーザーは、さまざまな流通網の中から、さらにさまざまなモノを選ぶことになります。

だからこそモノをつくる側は、ユーザーを徹底的に理解し、常にユーザー視点に立つことが不可欠です。

ユーザーを中心とする共通視点

「デザイン思考」という言葉を聞いたことがあるでしょうか？

「デザイン」の本来の意味は、具体的な問題を解決するための方法を思考し、新たな概念を組み立てて表現することです。少し難しい表現になってしまいましたが、

「デザイン思考」は、ユーザー視点に立って、本来のデザインが持つ問題解決のプロセスを応用し、新しい価値を生み出そうとすることです。

日本ではデザイナーを中心に広がりつつある考え方ですが、ユーザー視点に立ったモノづくりはデザイナーだけに求められるスキルではありません。

組織はさまざまなスキルを持った人の集合体です。社長や営業をはじめ、組織によってはエンジニアやディレクターもいるかもしれません。

ユーザーが多様なニーズを持つ現代においては、さまざまな人が共通のユーザー視点を持つことで、ユーザーに新しい価値を届けることができます。

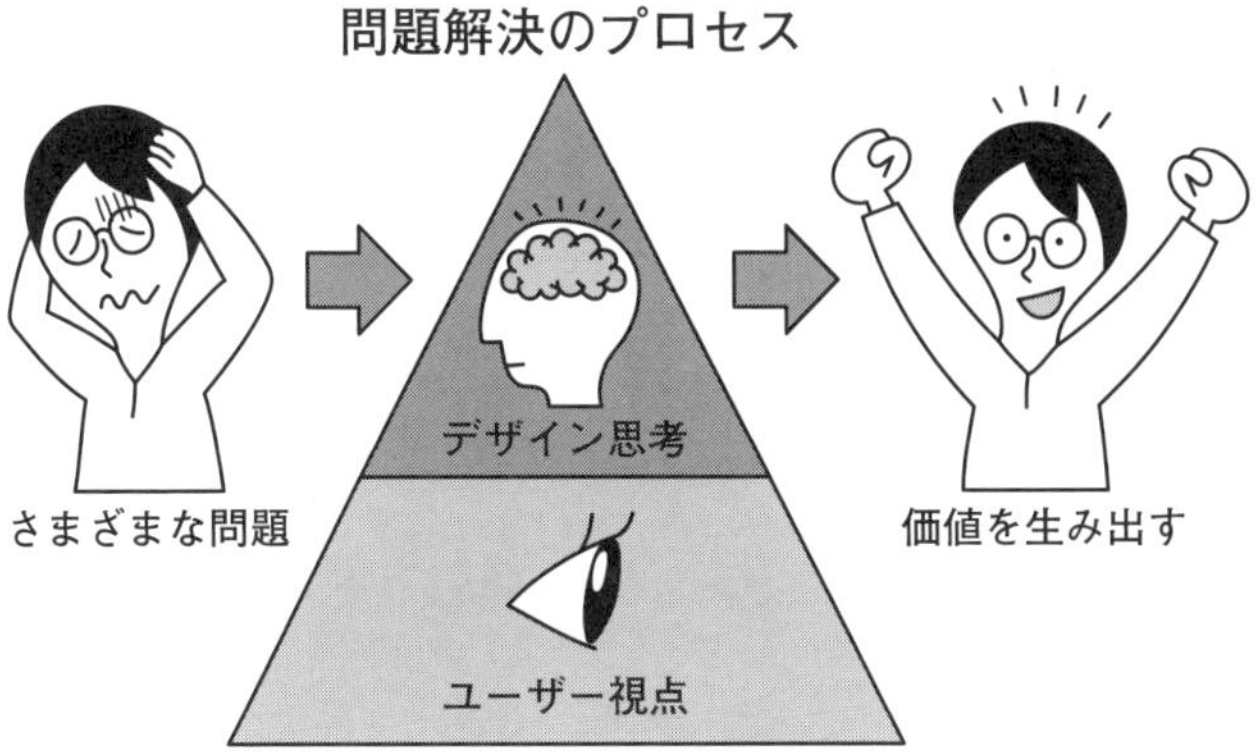

図：デザイン思考はユーザー視点に立って新たな価値を生み出すこと

Q あなたの組織はユーザー視点に立てていますか？

#UCO

図と一緒に自分の考えや体験をシェアしてみよう！➡

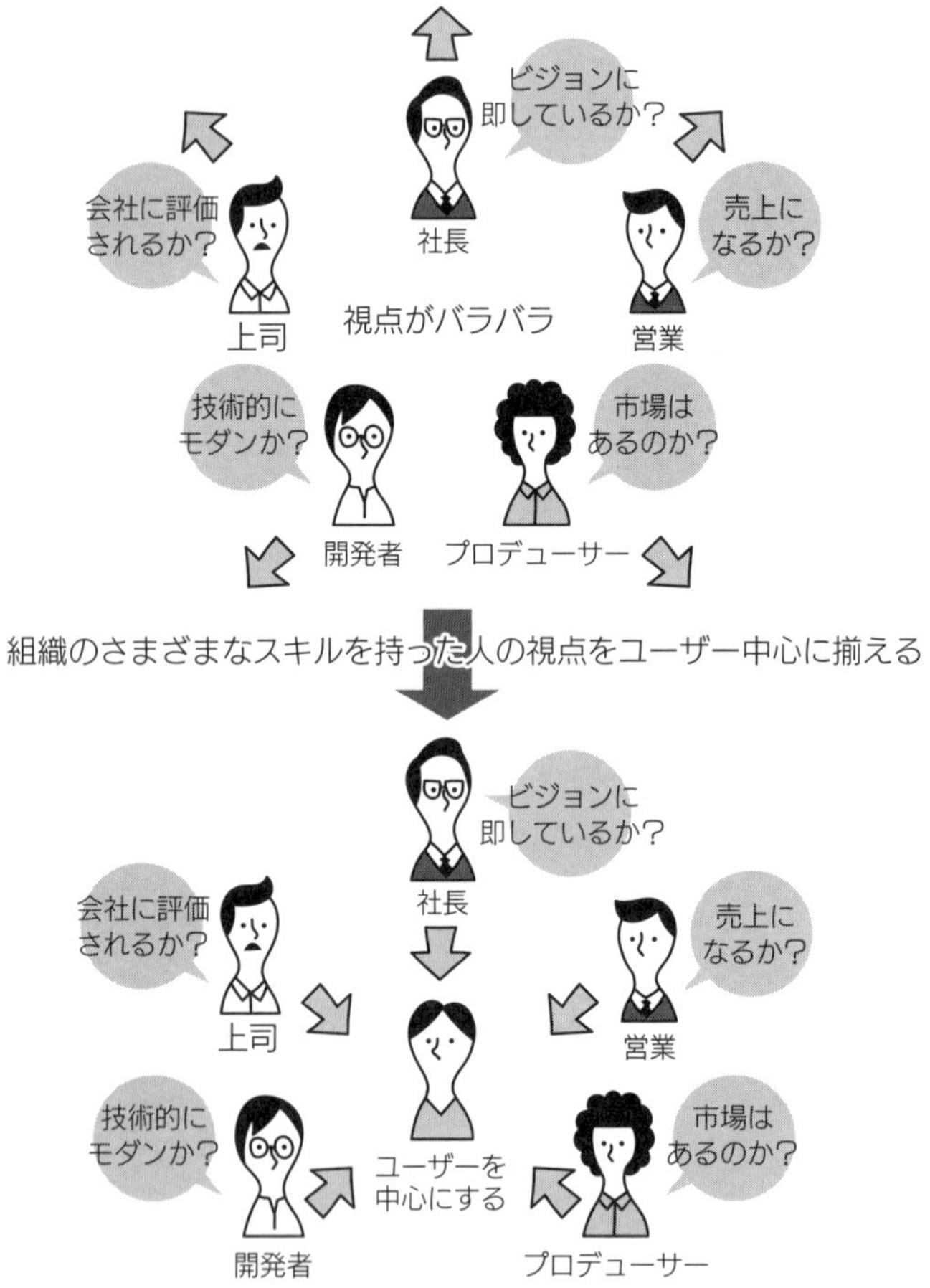

図：ユーザー視点を組織全体で持つことが、価値の創造につながる

「あなた」からはじめよう

ユーザーは人間です。組織も人間の集合体です。

ユーザーを熱狂させるのも、組織でともに働くメンバーを熱狂させるのも、「人間が人間に影響を与える」という点で共通しています。

あなたがユーザーを熱狂させる価値をつくりたいと考えるなら、まずは一緒に働くメンバーに価値を届けるところからはじめるのがよいでしょう。

メンバーに価値を届けるといっても大げさなことではありません。デザイナーが営業資料をわかりやすく整理したり、カスタマーサポートがユーザーの不満をエンジニアに届けたりするような、日々のささやかなメンバーへの支援も立派な「価値を届ける」取り組みです。

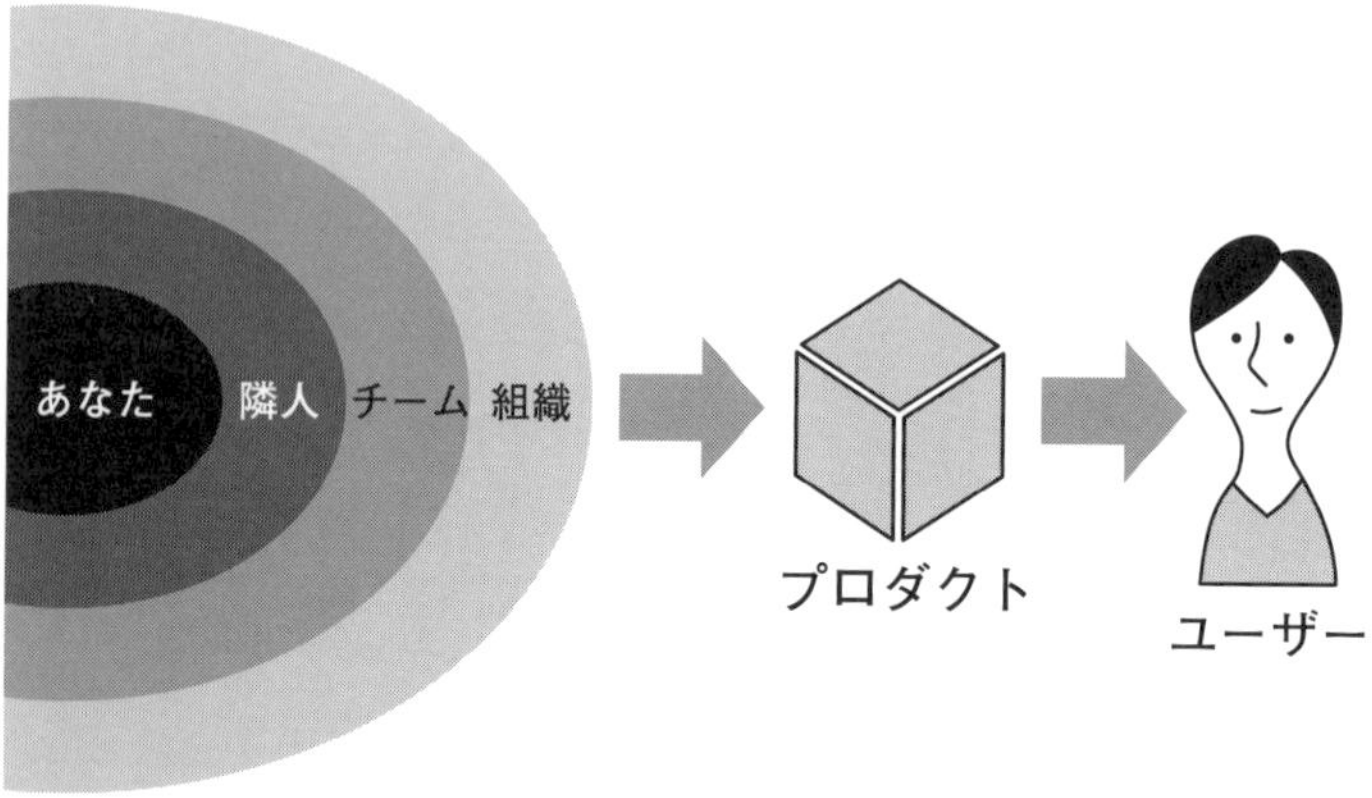

図：価値は隣人や組織を通じてユーザーに届く

本書は一部のトップマネジメント層に向けた本ではありません。「自分の所属する組織を通して、ユーザーに価値を届けたい」と思うすべての人に向けた本です。

誰もがユーザー視点を持つ組織への変革は、組織の意思決定権を持つ社長や役員などのトップマネジメント層ではなく、むしろ現場のエンジニアやマーケターなどの専門職やプロダクトマネージャーなど、モノづくりに近い人々こそ起点になり得ます。

まずはユーザー視点を持った組織をつくるための「種」となる知識とマインドセットを紹介します。

あなたが生み出した小さな芽は、「隣人」から「モノづくりを担うチーム」に広が

り、いずれは新しいユーザー価値を生み出せるかもしれません。

フレームワークは万能ではない

ビジネスにおけるさまざまな成功体験はすぐに手段として形式化され、インターネットや書籍を通じて共有されます。ユーザーに価値を届けるために、よいモノをつくるために、ビジネスを成功させるために、さまざまなフレームワークが活用されています。

「このフレームワークを利用すれば、自分の望むモノづくりができるかもしれない」

書店に立ち寄ってみると、思わずそう考えてしまうタイトルの書籍が目につきます。ところが、書籍に書かれているとおりに実践しているはずなのに、期待した成果が出ないという声をよく聞きます。

私は、このような書籍で紹介されているさまざまなフレームワークが役に立たないと言いたいわけではありません。一流の経営者やビジネスパーソン、デザイナーが語るフレームワークは多くの示唆に富んでいます。

しかし、フレームワークだけをそのまま切り取って、そのまま周囲に押し付けてしまうのはお勧めしません。

フレームワークは、過去の経験を活かす手段であって、目的ではないことに注意してください。あくまで特定の状況において成功したのであって、まったく同じ課題・ゴールという状況がない以上、同じ方法で成功することは難しいのです。

本書でもいくつかのフレームワーク（後述するリーンキャンバス、共感マップ、エレベーターピッチなど）について取り上げますが、そのままの形で適用できるとは思わないでください。フレームワークを学びながら、自身の所属する組織のことをよく知り、組織に合わせてフレームワークを柔軟に変化させてください。

マインドセット×フレームワーク

既存のフレームワークを学んで取り入れようとする段階は、武道や茶道の修行の過程をあらわす「守破離（しゅはり）」でいえば、「守」にあたります。

何か新しい技術を身につけようとしたとき、はじめは指導者の教えを忠実に「守」り、模倣して、さまざまな型（フレームワーク）を覚えて修練を積みます。**自分自身ですべての工程を考えるよりも、先人の知恵から効率よく知識を得ることができます。**

修練を積む中で、指導者の型はもちろん他の型も含めて研究し、自分に合ったよりよい型を見つければ、既存の型を「破」り、改良できるようになります。自分や所属する組織のことをよく知り、得た知識を最大限利用するために試行錯誤するのです。

自分なりの法則を見つけられれば、指導者から「離」れ、はじめて新しい流派を名乗れます。このときの型は、あなたの組織に合わせて変化して、新しい型として活用されていることでしょう。

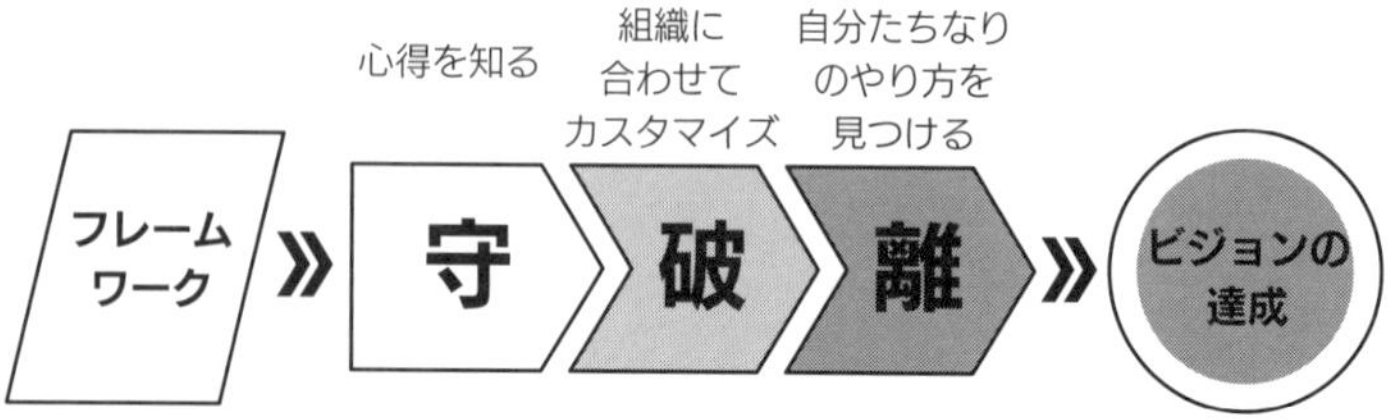

図：重要なのはユーザーに価値を届けたいというマインドセット

型が身につかないまま型を破ることを「型なし」と言いますが、型を身につけたうえで型を破るのは「型破り」です。成果をあげる組織の多くは「型破り」です。デザイン思考という「型」の基礎を学ぶことは大切ですが、デザイン思考をそのまま組織に導入して成果を上げた例はあまり聞きません。

デザイン思考で成功している組織とは、ユーザー中心なマインドセットをもとに型を破っているからに他なりません。

もともと守破離とは、「規矩（きく）作法　**守**り尽くして**破**るとも**離**るるとても本（もと）を忘るな」という、千利休の言葉に由来しています。この言葉は、「規範（規矩）を守りつつも、いつかはその規範を離れなければいけない、しかしそこにある本（もと）となる精神はいつまでも忘れてはいけない」という意味です。

「本（もと）を忘るな」とある通り、根源の精神を見失わないことが重要です。

本書における「本（もと）」とは、「組織の全員がユーザー中心に視点をそろえてモノづくりをしよう」というマインドセットです。

そして、このマインドセットを備えた組織を本書では「ユーザー中心組織」と呼びます。ユーザー中心なマインドセットを持ち、あなたの組織が目的地にたどり着くための新しいフレームワークを生み出す「離」を目指しましょう。

本書の読み方

「ユーザーに価値を届ける組織を目指す」「あなたからはじめる」「守破離の離を目指す」と言われても、どのように進めていけばよいのかとまどう方も多いでしょう。本書ではユーザー中心な組織のつくり方について、大きく3つに分けて具体的な事例を交えながら解説していきます。

- 「ユーザー価値とは」（2章）
- 「ユーザー中心な組織のつくり方」（3〜8章）
- 「あなたの行動のはじめ方」（9〜10章）

まず2章を読んでみて基礎を学ぶことができたら、3章から8章にかけて興味のある部分から読み進めてもかまいません。

本書を読み進めて、あなたの所属する組織の課題を見つけたら、9章から10章にかけての「どうやって行動を起こすか」を読んでみてください。

本書はあなたの一歩を促すための本です。深く読み込むことに時間をかけるよりも、「やってみたい！」と感じたら、まず行動に移してみてください。

●各章の概要

2章は本書の基礎知識となる部分です。

本書では、ユーザーがプロダクトやサービスに感じる価値を「**ユーザー価値**」と言います。ユーザー価値を見つけるには、ユーザーの立場に立った「ユーザー視点」を身につけることが必要です。守破離でいう「守」の部分です。ユーザー視点を身につけたいあなたに、待ち受ける罠や障壁、勘違いを解説します。

3章から8章にかけては、組織の現状をユーザー視点から見つめ直します。ユーザーに価値を届ける「ユーザー中心な組織」とはどんな組織なのか、どうやってつくるのか、具体的な方法論やシステムについて解説していきます。よくある組織とユーザー中心組織はどこか違うのかも理解できるでしょう。

守破離でいう「破」に至るために、自分の組織をさまざまな視点から見つめ直す章が続きます。置かれている立場によって、注目する項目は異なるでしょう。まずは興味を感じるポイントから重点的に読んでみましょう。

9章から10章にかけては、組織の中であなたがどうやって組織づくりをはじめればよいのか、具体的なアクションプランや、心得を紹介していきます。これまで学んだことを活かして、どのように行動をはじめるべきか理解できます。

「10章 共創ムーブメント」は、守破離でいう「離」に至るための小さな一歩の起こし方です。本書で最も伝えたい、「ムーブメントを起こし組織を変え、ユーザー価値を生み出す」ための具体的な第一歩はここからはじまります。本書を読む中で、行動に移すのが難しいと感じた方は先にこの章を読んでみてください。

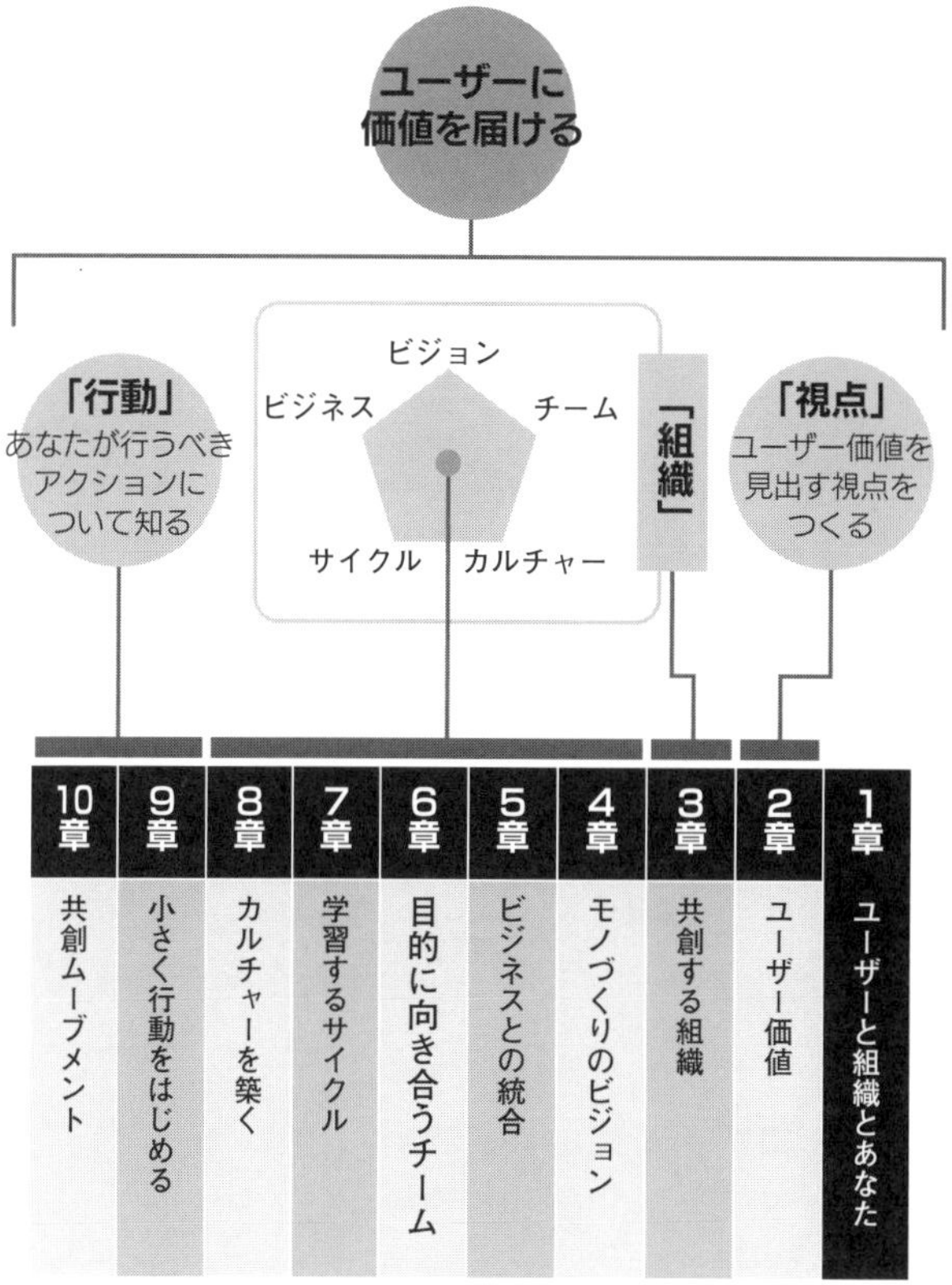
ユーザーに
価値を届ける
「行動」
あなたが行うべき
アクションに
ついて知る
ビジョン
ビジネス
チーム
サイクル
カルチャー
「組織」
「視点」
ユーザー価値を
見出す視点を
つくる
1章
ユーザーと組織とあなた
2章
ユーザー価値
3章
共創する組織
4章
モノづくりのビジョン
5章
ビジネスとの統合
6章
目的に向き合うチーム
7章
学習するサイクル
8章
カルチャーを築く
9章
小さく行動をはじめる
10章
共創ムーブメント

図：本書の構成

● ともに学び合おう

面白い、学びになると思ったら、本文を写真で切り取ってSNSでシェアしてみてください。すでに23ページで出てきましたが、本書の図の中にはQRコードを記載しています。QRコードを読み込むと、ツイッターの投稿画面に移動しますので、ハッシュタグ（#UCO）とともに「どんなところが参考になりそう！」といったアイデアを言語化して共有してみましょう。言葉にしてみることが第一歩です。

本書を活用する上で大事なことは2つあります。

- 「学び」に気づいて自分の知識にすること
- ともに成長できる「仲間」を見つけること

本書を読みながら、学びを共有していくことで、自然と一緒に学べる仲間が見つかるかもしれません！

図：本書での「学び」や「気づき」をシェアしてみましょう！

小さくはじめてみよう！

本書にはあなたへの「問いかけ」が散りばめられています。読み進めながら「問いかけ」に答えていくことで、自分なりの理解を深めていきましょう。

各章には「問いかけ」付きの図が挿入されています。隣接するＱＲコードを読み取って、図とともに自分の考えをＳＮＳにシェアできます。

各章の最後には「小さくはじめてみよう！」というエクササイズを用意しています。本書を読みながら、また、ちょっとした空き時間にこのエクササイズに挑戦してみてください。

2章

ユーザー価値

ユーザーの声を鵜呑みにしてはいけない

ユーザーに価値を届けるためには、ユーザーが何を望んでいるかを直接聞くのが手っ取り早く確実な方法だと考える人もいるでしょう。

しかし、ユーザーは自分が本当は何を欲しているのか必ずしも理解していません。ユーザーが「ほしい！」と言っても、そのまま鵜呑みにしてはいけません。人間は自分たちが思う以上に自分自身の心を把握していないのです。

フォード社は、世界ではじめて自動車を大量生産し、「フォード・モデルT（T型フォード）」は、世界中で一五〇〇万台以上を売り上げました。フォード社の創設者ヘンリー・フォードは、こんな言葉を残しています。

〝If I had asked people what they wanted,they would have said faster horses.（もし人々に望むものを聞いたら、彼らはより速い馬がほしいと答えただろう）〟

ユーザーの声
もっと速い
馬が欲しい
深い観察から
ユーザーインサイトを
見つけ出す
馬を集める
のが好き
なのでは？
今の馬に
不満が
あるのでは？
早く目的地に
着きたい
のでは？

図：ユーザーの声には見えないインサイトが隠れている

フォードの自動車が普及する以前、ガソリン自動車自体は発明されていましたが、庶民に手が届く存在ではありませんでした。庶民の移動手段といえば、まだまだ馬車が現役でした。

そんな時代に、「あなたがほしい移動手段は何か」と聞いても、自動車の便利さ・速さを知らない人々は、「自動車がほしい」とは答えません。自分たちが普段利用している馬車を思い浮かべ、「もっと速く走る馬がほしい」と答えるでしょう。

しかし、「もっと速い馬がほしい」という答えの背後にある本心は、「より安価に、より簡単に、より速く移動できる手段がほしい」であり、ヘンリー・フォードはその価値に気づいていました。

ユーザーの表層的なニーズを追求しても、ユーザーは価値を感じてくれません。では、どうすればよいのでしょうか？

まずはユーザー自身が気づいていない潜在意識に潜むニーズ、いわゆる「ユーザーインサイト」を把握して、ユーザー自身の心や体験に働きかける価値（意味的価値）を見つけ出すことが必要です。

価値の中心は機能から意味へ

やみくもに機能を追加し、バージョンアップを繰り返すだけでは、馬車が自動車に置き換わったような意味的価値は生まれません。

機能の持つ価値がユーザーの心を揺さぶって、はじめて意味的価値は生まれます。

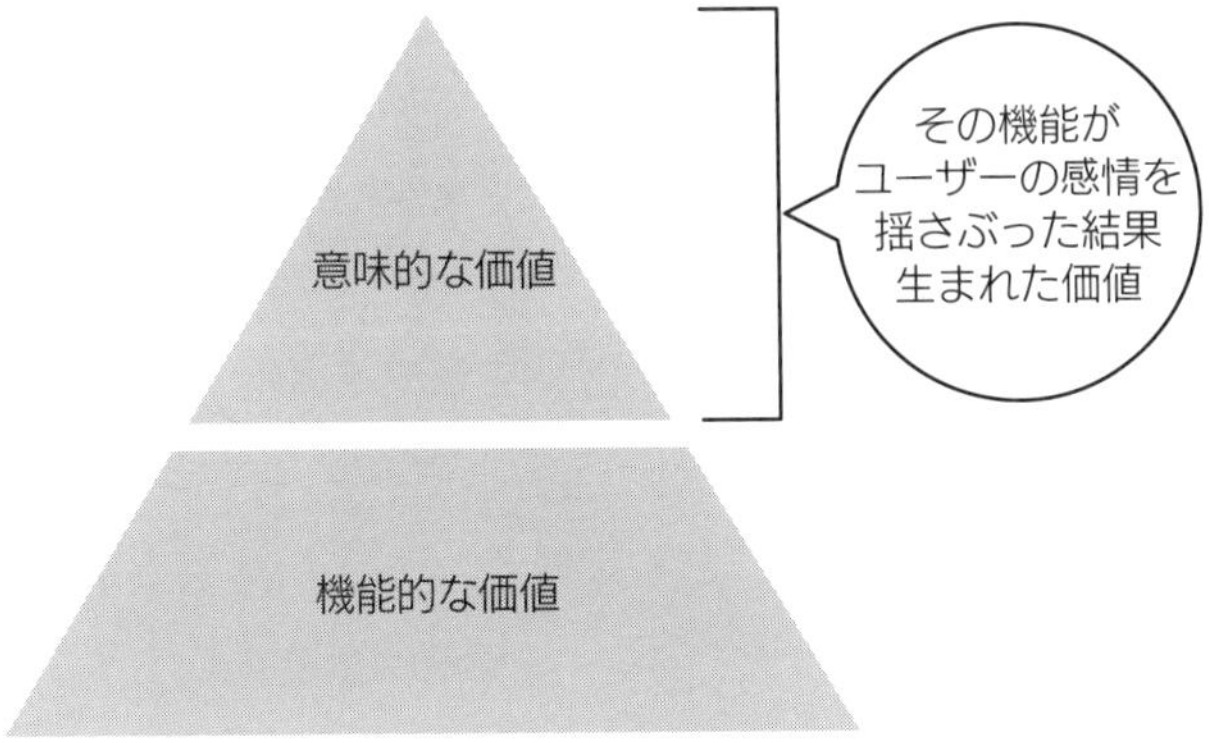

図：機能的な価値だけに注目してはいけない

ユーザーインサイトを見つけて意味的価値を提供すれば、社会のあり方を変えるほどのインパクトが生まれる可能性があります。ヘンリー・フォードは、人々の「移動」についてのユーザーインサイトをとらえて、街の景色を変えてしまうほどの価値を生み出しました。しかし、自動車が当たり前になった現代では、スピードが出る自動車を開発して「(ほんの少し) 早く目的地に着く」ことに価値を感じてもらうのは難しいでしょう。

意味的価値は、革新的な技術がなければ生み出せないわけではありません。既存の技術の組み合わせによっても可能です。例えば、いまでこそ当たり前の機能ですが、携帯電話にカメラ機能を搭載した「カメラ付き携帯電

より望遠に！
いいねがもらえたら嬉しい！
ユーザー自身の
感情や体験に
働きかける価値
＝機能的価値
＝意味的価値

図：ユーザーの声には見えないインサイトが隠れている

Q あなたが最近感じた意味的価値は
何ですか？

#UCO

図と一緒に自分の考えや
体験をシェアしてみよう！➡

話」です。カメラ付き携帯電話の登場は、ユーザーインサイトをとらえてカメラのあり方そのものを変えてしまった例といえるでしょう。

　そもそもカメラは、画質や望遠性能など、既存の「カメラそのものが持つ機能」を向上させて、その価値を高めてきました。しかし、イベントや記念日などの思い出を手軽に残しておくためにカメラを利用するライトなユーザーは、一定の画質があれば満足で、高画質な美しい写真にそこまでこだわりはありません。画質や望遠性能を追求して進化するカメラは、どんどんコアなユーザーのためだけの存在になっていきました。このように、**機能的価値の向上が、多くのユーザーにとって価値を持たなくなる瞬間があります。**

　このとき多くのライトユーザーは、「自分が撮った写真を手軽に多くの人に見てほしい」というユーザーインサイトを持っていました。カメラ付き携帯が登場した当初は、画質は荒くて、サイズも小さい写真しか撮影できませんでした。それでも、多くのユーザーにとって、撮影した写真をリアルタイムに他者に送れるという価値は、どんなに画質や望遠性能が優れたカメラよりも意味がありました。写真に「メールやインターネットで共有する」という新しい意味付けを与えたカメラ付き携帯電話は、このユーザーインサイトをとらえて爆発的に普及しました。
モノが持つ機能によってユーザーはどのように価値を感じ取るのかを、ユーザーの視点に立って想像してみましょう。

ユーザーの視点に立つことが、意味的価値を生み出すための最初の一歩です。

ユーザー視点に一番近い場所

機能的価値だけでユーザーに価値を与えることができる時代も確かにありましたが、社会の変化するスピードは速く、価値が移ろいやすいのが現代です。Volatility（変動性）、Uncertainty（不確実性）、Complexity（複雑性）、Ambiguity（曖昧性）の頭文字をとって「VUCA（ブーカ）時代」などと呼ばれています。1990年代後半のアメリカで軍事用語として使われていましたが、近年のビジネスの混沌とした状態を表す言葉としても使われるようになってきました。

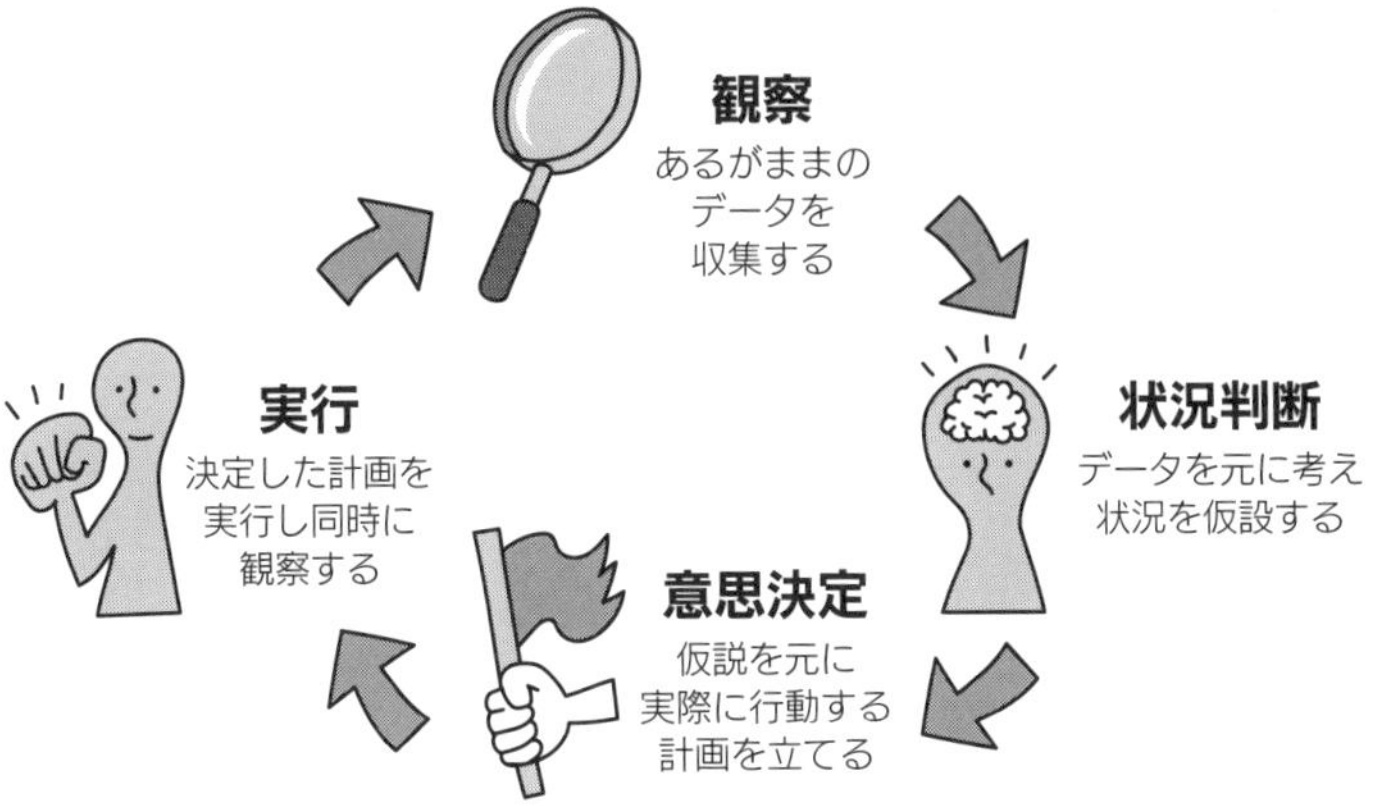
観察
あるがままのデータを収集する
状況判断
データを元に考え状況を仮設する
意思決定
仮説を元に実際に行動する計画を立てる
実行
決定した計画を実行し同時に観察する

図：OODAループ

このような時代でユーザーインサイトを見つけ出すのは、とても難しいタスクです。ここでは、モノづくりの現場において少しずつユーザー視点を手に入れる**「OODA（ウーダ）ループ」**というフレームワークを紹介します。「ＯＯＤＡ」とは、以下の頭文字をとった言葉です。

- 【観察（Observe）】対象を観察して生のデータを収集する
- 【状況判断（Orient）】データをもとに仮説を構築する
- 【意思決定（Decide）】仮説をもとに行動計画を決める
- 【実行（Act）】決定した計画を実行し、再度その学びを観察（Observe）に

図：ありのままのユーザー観察をもとに仮説を構築する

活かす

ユーザー視点を持つエキスパートは、OODAループというフレームワークを知らなくても、同様のことを自然と業務に組み込んでいます。例えば、次のようなループです。

1. 【観察】プロダクトを利用するユーザーについてリサーチをする
2. 【状況判断】リサーチ結果から仮説を立てる
3. 【意思決定】仮説をもとにユーザーニーズを満たすようなラフデザインを試作する
4. 【実行】試作を想定ユーザーに見てもらい、フィードバックを得る

5. フィードバックをもとに、再度【観察】へ

組織の中でユーザーに最も近いのは、モノづくりの現場です。現場がありのままのユーザーを観察し、ユーザー視点から日々の改善を回していくことが、ユーザーインサイトを見つけるための基本的な活動になります。

無意識のバイアスを自覚する

OODAループはユーザーをよく観察することからはじまりますが、この観察の段階で無意識のバイアス（思い込み）があると、いくらループを回してもユーザー視点に立つことはできません。無意識のバイアスがかかった状態で観察を続けるのは、ピントの合わないレンズで被写体を眺め続けるのと同じです。

自身が持つ〝無意識のバイアス〟を自覚することが、ユーザー視点に立った観

察をはじめる第一歩です。

バイアスを完全になくすことは難しいでしょう。しかし〝無意識のバイアス〟を自覚するだけで、自身の考えを疑うことができます。仮説や行動が間違っていたとき、ピントを調整する必要性に気づけます。「自分はユーザーについて無知である」という前提に立ち、フラットにユーザーを観察しましょう。

無意識のバイアスが生まれる原因はさまざまですが、わかりやすいのは文化や背景の違いから生じるバイアスです。

人は無意識のうちに、「私はこう感じるから相手も同じように感じるだろう」と考えがちです。

他者を「理解できた」と思い込み、公平中立なつもりで好き嫌いを抱えたままものごとを判断します。例えば、イギリスには「うなぎのゼリー寄せ」という伝統料理があります。ぶつ切りにしたうなぎを煮込んでから冷やしてゼリー状に固めたもので、現地では「毎日欠かさず食べている」という愛好家もいます。

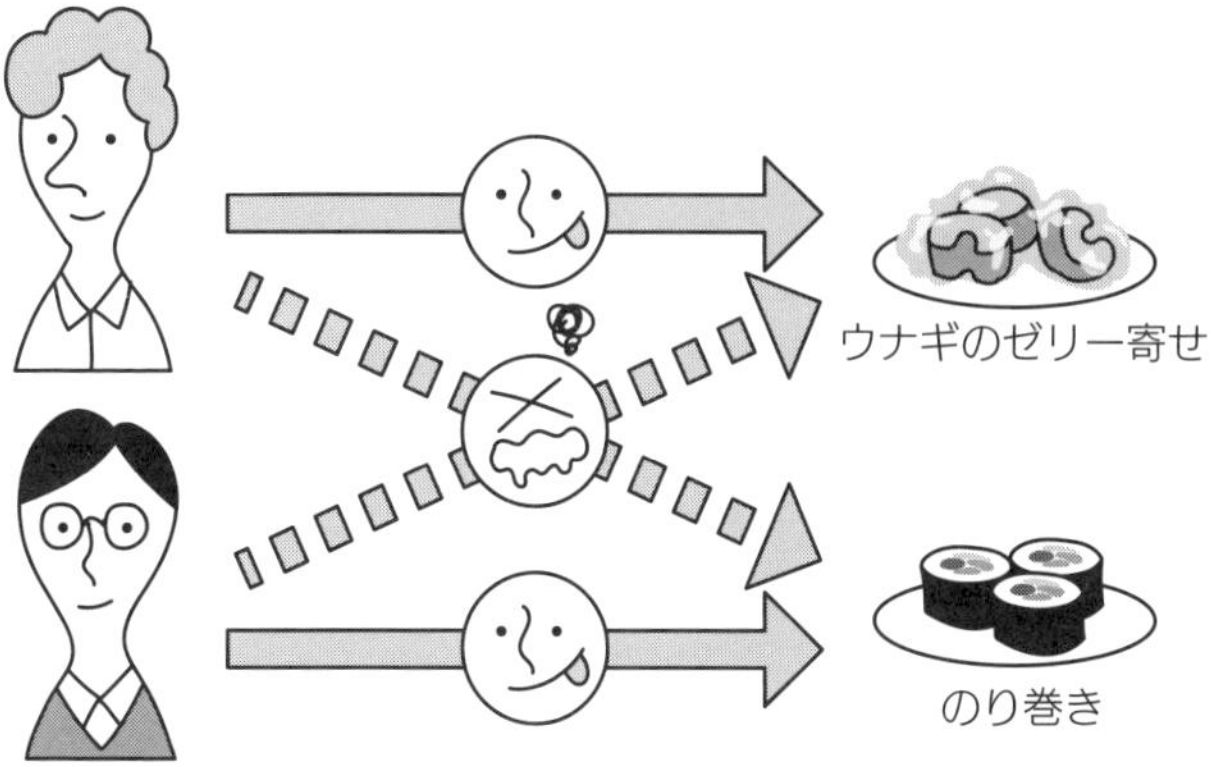

図：同じ味なのに、背景や境遇が違うだけで評価が 180 度変わる

Q 思い込みで失敗したことはありますか？

#UCO

図と一緒に自分の考えや
体験をシェアしてみよう！➡

このうなぎのゼリー寄せ、日本人にはあまり評判がよくありません。ネットで「うなぎのゼリー寄せ」と検索すると、その味を酷評するブログ記事がすぐに見つかります。シンプルに「まずい」という感想も多くありますが、「見た目が受け入れられない」という意見もあります。

日本では、うなぎは開いて蒲焼きにして食べることが一般的です。うなぎを「ぶつ切り」にして、「煮こごりにして」食べるという調理法や見た目自体が、日本人の価値観では受け入れられないのでしょう。

反対に、日本の海苔を受け入れられないという外国人も少なくありません。近年は健康食材として海外でも注目されていますが、もともと欧米などでは海藻を食べる習慣はほとんどありませんでした。海苔も、わかめも、その他の海の雑多な海藻類と同じく「seaweed（海の雑草）」と呼ばれていました。雑草だと考えていたものを料理として出されても、味以前の問題として、食べ物として受け入れ難いでしょう。

このように、食材をひとつとっても、ユーザーの文化や背景によって、ものごとのとらえられ方はまったく異なります。

「うなぎの蒲焼と海苔を嫌いな人はいない」と実際に思い込む人は少ないかもしれません。しかし、モノづくりに目を向けると、こうした思い込みをしてしまう人が後を絶ちません。

無意識のバイアスがかかった状態で得た情報をもとにすると、その後の判断、意思決定、行動もすべてバイアスがかかったままです。

ほんの小さな背景の違いに気づかないだけで、ユーザー視点は想像以上に食い違ってしまいます。

ユーザーの解像度を高める3つの方法

ユーザー視点ははじめから鮮明ではありません。ピントを合わせる前のカメラのように、最初はぼやけています。ピントが合って解像度が上がるほど対象物が鮮明に写真に写るように、ユーザーを理解するほど解像度も上がっていきます。

あらゆる角度からユーザーを観察し、徐々にピントを合わせることで、解像度の高

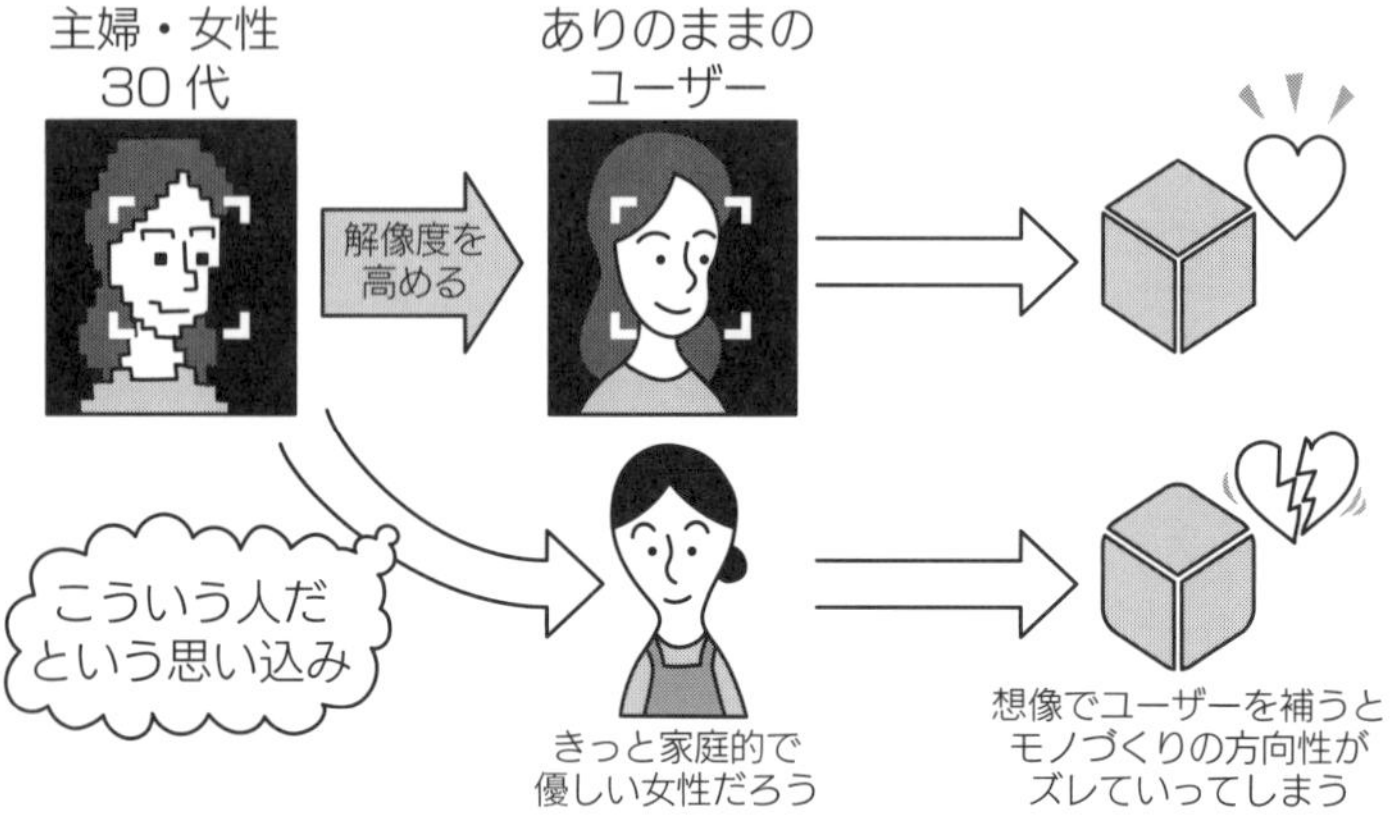

図：バイアスがあるとモノづくりの方向性が的外れになってしまう

いユーザー像が明らかになっていきます。

ユーザーの解像度を高めていく方法はさまざまありますが、主に次の3つが挙げられます。

「話を聞く」
「表情や動作を観察する」
「同じ状況を体験する」

ユーザーとの対話を通じてユーザーの話を直接聞くのは、解像度を高める基本的な方法です。しかし、ユーザー本人が言葉にできない心情までは聞き出せません。

そんなときは、ユーザーの表情や動作をよく観察すると、本人も言葉にできていない些細な心の動きや本音を見つけ出せます。また、同じ状況を自ら体験すれば相手の立場に立った共感を深められるかもしれません（同時に、無意識のバイアスを強める可能性もあるので注意が必要です）。

大切なのは、この3つの観点からバランスよく相手を理解していくことです。

ユーザー視点は共感からはじまる

無意識のバイアスにとらわれずユーザーの解像度を高めるためには、ユーザーに共感（Empathy）しようとするマインドセットを持つのがよいでしょう。ユーザーへの共感とはユーザーの視点に乗り移って周囲を見・聞き・感じることです。

しかし、ユーザーの背景を認めたうえで共感（Empathy）しているつもりが、同情（Sympathy）してしまっていることがあります。

共感と同情の違いを理解できなければ、ユーザーを正しく観察できません。

共感と同情は、どちらも他者の体験や考えを理解する意味で使われますが、視点の場所が自分なのか、相手にあるのかが異なります。同情は、相手の考えや体験を自分に置き換えて考えます。これに対して共感は、自分の体験や考えではなく、相手の立場に立って判断します。

- 共感　相手の立場で考える
- 同情　自分の立場で考える

私にも共感と同情を混同した失敗談があります。「交通事故の被害者を支援するためのウェブサイト」を制作していたときです。当時の私は、被害者を支援するためのウェブサイトには、「笑顔の人物をメインに据えたグラフィックデザインがよい」という仮説を持っていました。ところが実際の交通事故の被害者にユーザーインタビューすると、「こんなサイトに相談に行こうとは思えない」という反応が返ってきました。

私は重傷を負うような交通事故被害にあったことがありません。車同士でほんの少し接触して車体に擦り傷をつけたようなトラブルに遭っただけです。私は自分の小さなトラブルを思い出して、被害者に共感しているつもりになっていました。友人から「たいしたことはないよ」と笑顔で慰められて安心したように、交通事故の被害者たちも、「たいしたことじゃない、すぐに解決する」と笑いかけてほしいのではないかと思い込んでいました。

しかし、ユーザーの求めていたのは、「たいしたことじゃない」と言いたげに微笑む人物ではなく、「自分と同じような状況の人がたくさんいる」ことを表現したグラフィックでした。深刻な事故にあったユーザーがほしいのは無関係な誰かの慰めではなく、同じ経験を持つ相談相手だったのです。

気づかないうちに相手の心情を「自分の」立場から想像してわかったつもりになり、同情（Sympathy）のバイアスにとらわれていました。

人間の思考は、自分にない知識や情報を経験で補うようにできています。わからないことを同情で補完するのは、人が持って生まれた性質です。

深刻な交通事故被害を経験していない私は、自分の持っている最も近しい経験でその情報を補おうとしました。同情から相手の状況を正確に理解することはできず、

図：似ているようで違う共感（Empathy）と同情（Sympathy）

ユーザー視点とは言えません。

「共感（Empathy）からはじまるユーザー視点」を持ってユーザーへの深い洞察を続けることで、正しいユーザー視点を身につけることができるでしょう。

ユーザーを多面的に見る

前述したように、人間はわからないことを自分の知見や経験から推測しようとします。一面だけを見て理解したつもりになっていないか、また無意識に補完してしまっているところがないか意識して、多面的にユーザーを観察しましょう。

そのために有効な手法のひとつが、「共感マップ」というフレームワークです。「共感マップ」とは、XPLANE（https://xplane.com/）のスコット・マシューズ氏が考案した、ユーザーの状況や心を理解するための手法です。マップの各項目を埋めてユーザーの状況を整理していきます。ターゲットとなるユーザー像を自分で想像した仮説に基づいて直感的に項目を埋めていく方法もあれば、実際に調査してデータに基づいて項目を埋めていく方法もあります。

共感マップをつくるには、ユーザーは何を言っているのか、見ているのか、何が辛いのか、何を望むのかなど、さまざまな観点から観察します。共感マップはユーザーの「ゴール」から書きはじめます。「誰」が共感マップの主人公で「何」を成し遂げようとしているのでしょうか？

ゴールを明確にしたら、キャンバスを時計回りに記入していきましょう。「見る」「言う」「やる」「聞く」の順番です。彼らが見るもの聞くものひとつひとつを注意深く観察すれば、より深く共感できます。

共感マップで重要なのは「ユーザーを多面的に見よう」という姿勢です。

共感マップは無意識のバイアスを防ぐためのフレームワークであり、共感マップを利用して多面的にユーザーを見ることは、ユーザー視点に立つ第一歩です。

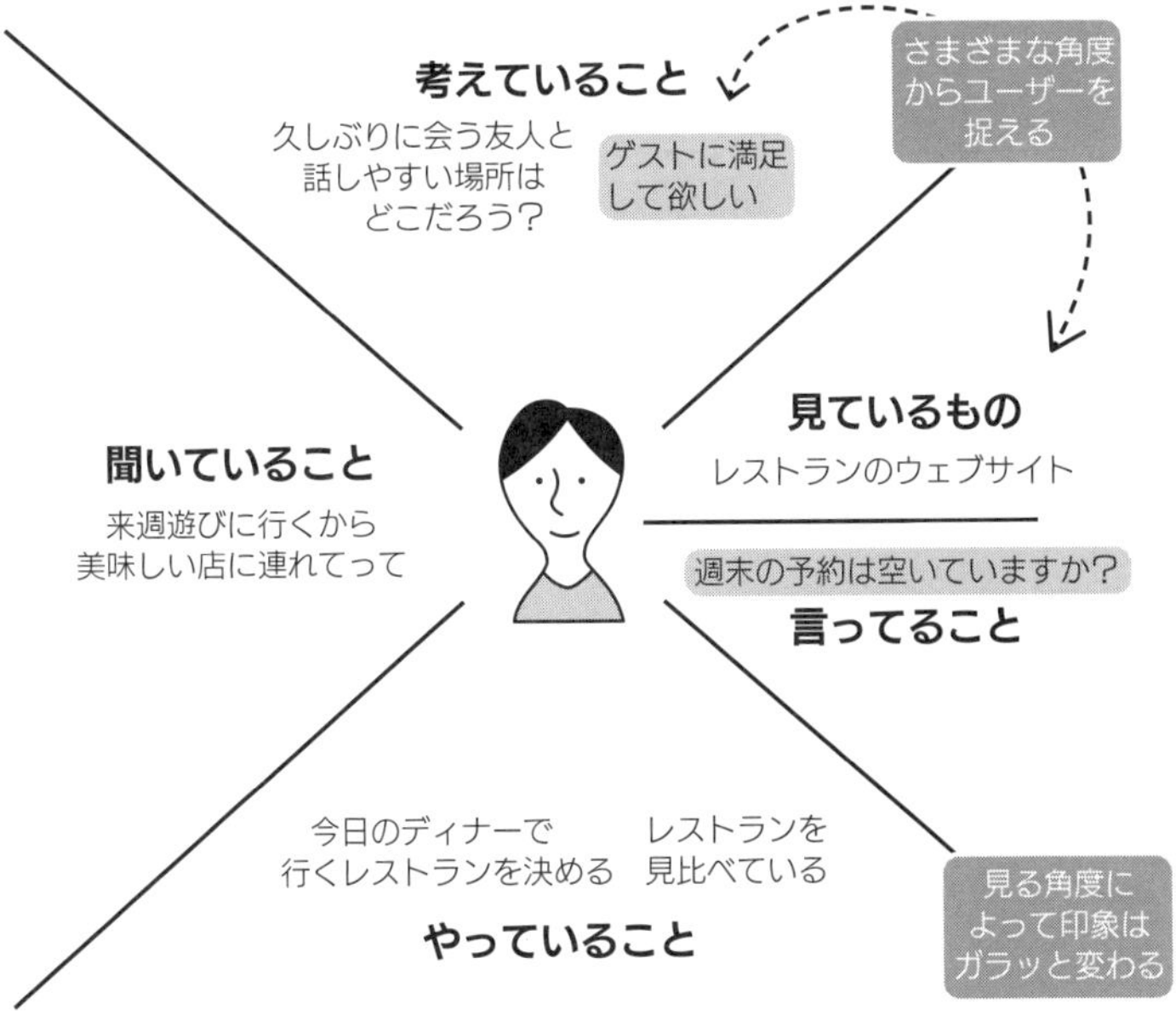
考えていること
久しぶりに会う友人と
話しやすい場所は
どこだろう？
ゲストに満足
して欲しい
さまざまな角度
からユーザーを
捉える
見ているもの
レストランのウェブサイト
聞いていること
来週遊びに行くから
美味しい店に連れてって
週末の予約は空いていますか？
言ってること
今日のディナーで
行くレストランを決める
レストランを
見比べている
やっていること
見る角度に
よって印象は
ガラッと変わる

図：簡易的な共感マップ
（https://gamestorming.com/empathy-mapping/ をもとに筆者が作成）

ユーザーインタビューをしてみよう

ここまでユーザー価値を生み出すとはどういうことか、またそのためにはユーザーとの対話が重要であると解説してきました。実際にユーザーの声を聞くために、最も簡単な**ユーザーインタビュー**の方法を紹介します。

ユーザーインタビューとは、「問い」を立ててユーザーから有益な情報を引き出すためのフレームワークです。

①知りたい「問い」を立ててみよう

ユーザーインタビューで知りたい「問い」は何でしょうか？　問いとは「なぜユーザーは写真を撮るのか？」「なぜユーザーはこのプロダクトにお金を払うのか？」といった、あなたが解き明かしたい問題です。

問いはインタビューの質を大きく左右します。できる限り具体的な問いを立てましょう。

ユーザー中心なモノづくりの基礎を解説するために、4章から8章では組織の5つの観点（ビジョン、ビジネス、チーム、サイクル、カルチャー）をユーザー視点で観察する事例を紹介しています。

これらの5つの観点からユーザー視点を持つ方法を学ぶと、疑問がいくつか生まれると思います。それが問いをつくるきっかけです。問いを立てるポイントは「わからないこと」に気づくことです。これから紹介する5つの観点を知ると、これまで自分が意識していなかった観点に気づくはずです。こうした観点からの疑問を「問い」の形にしてみましょう。

これから読み進めるにあたって「これはユーザーへの問いになる」と思った部分があればぜひメモしておきましょう。

②「問い」を知るためのインタビュー項目を考えよう

問いを紐解くために、実際にユーザーに聞くインタビュー項目を考えてみましょう。「なぜユーザーは写真を撮るのか？」という問いであれば次のような項目を挙げることができるでしょう。

1. 最近、写真を撮ったのはいつですか？
そのときなぜ写真を撮ろうと思ったのですか？
そのとき撮った写真は、その後何に使いましたか？

2. 一番心に残っている写真は何ですか？
なぜその写真が心に残っていますか？
その写真はどこに保管していますか？

聞きたいことをあらゆる角度からたくさん考えることがインタビュー項目を決めるコツです。その中から重要そうなものをピックアップしたうえで、足りない観点がないか確認してください。

③実際に聞いてみよう

インタビュー項目が決まったら、実際にユーザーに聞きにいきましょう。「なぜユーザーは写真を撮るのか？」という問いであれば、実際に写真を撮っている人を探して声をかけます。周囲に写真が好きな人を見つけて話を聞いてみるのもよいでしょう。

④結果を振り返る

インタビューを終えたら次のように振り返ります。

ユーザーが実際に言ったこと（事実）

例）「最近のカメラは高機能で使い方を覚えるのが大変」

そのうえで自分たちが感じたこと（推測）

例）「ユーザーはきれいな写真を撮りたいが、手間はかけたくないのでは」

事実と推測を混同しないよう注意しましょう。推測はユーザーインサイトへの入り口であると同時に、バイアスになる可能性もあります。推測がいつの間にか事実にすり替わってしまうことは、ユーザーインタビューのよくある失敗です。無自覚なバイアスに気を配りながら、ユーザー解像度を高めていきましょう。

このように、さまざまな観点から新しい問いに気づき、質問し、事実を集めていくという繰り返しが、ユーザーインタビューの基本的な方法です。

本書では、このユーザーインタビューの考え方を、さまざまな場面の対話（ユーザーだけでなく組織のメンバーも）で使っていきます。どのように対話をはじめたらよいか迷ったら、この項を振り返ってください。

推薦図書

「ユーザーインタビューをはじめよう」

Steve Portigal 著、安藤 貴子 翻訳、ビー・エヌ・エヌ新社（2017年）

紹介したのはユーザーインタビューの最も簡単な手法です。深く学びたい方は、この書籍を手にとってみてください。
「よりよいモノをつくる目的で顧客と対話しようと思うすべての人」に向けて、実践的なインタビューのフレームワークから、その活用方法をわかりやすく解説しています。

小さくはじめてみよう！

あなたの身の回りにある、価値のあるモノを探してみよう

自分の周りを見渡して、自分が価値を感じているモノをひとつ写真に撮ってみてください、どんなモノでも構いません。そのモノがユーザー視点からどのような「意味的価値」を提供しているのか分析して言語化してみましょう。

【回答例】（大きなマグカップの写真を撮って）
このマグカップにはコーヒーを飲むという機能の他に、「ゆっくりと本を読む時間を豊かにする」という意味的価値を提供してくれているのかもしれない。

この章のあなたの学びをシェアしてみよう！#UOC

3章

共創する組織

ユーザー価値を生み出す「共創」

「速く行きたいならひとりで行け、遠くへ行きたいならみんなで行け」という格言があります。多様なメンバーの力がうまくかけ合わされれば、ひとりではつくり出せない新しい価値が生まれます。モノづくりも同じです。

組織で新しいユーザー価値を生み出すには、**共創**の力が欠かせません。共創とは、さまざまな役割を持つエキスパートが、自分の考えや経験をもとに議論しユーザー価値を「共」に「創」り上げていくことです。これまでに思いつかなかったアイデアや新しい方法を生み出す状態です。

共創を生む組織では、メンバーが持っている以上の能力を発揮したり、誰も思いつかなかったアイデアが生まれたりします。

図：強力なエキスパートが同じ視点で共創すると、ひとりではつくり出せない新しい価値が生まれる

前章ではユーザー価値の解像度を高くする方法について解説しました。ユーザーの高い解像度のもと、ユーザーインサイトを探し出し、新しい価値（意味的価値）を生み出すことは簡単ではありません。これを実現する可能性があるのは、多くのエキスパートが共創状態でモノづくりに取り組んでいる組織です。

「共」につくるために、さまざまなエキスパートの視点をそろえましょう。視点の中心はユーザーです。エネルギーのベクトルをユーザー中心にそろえれば、本来のパフォーマンスを超えたモノを生み出せるかもしれません。

組織が変わればモノづくりも変わる

「システムを設計する組織は、組織の形とそっくりのシステムを生み出す」

これは、英国のコンピュータ科学者メルヴィン・コンウェイが提唱したもので「コンウェイの法則」と呼ばれています。簡単に言えば、できあがるモノは、組織の形に左右されるということです。

これはソフトウェア設計に関する法則ですが、組織におけるモノづくりにもあてはまると私は考えます。組織の形を変えずにモノづくりを変えるのは困難です。組織の形に逆らってモノづくりを変えようとすると、たいていいびつなモノができあがります。

ユーザー中心なモノを生み出すには、まずユーザー中心な組織をつくる必要があります。

ここからは、組織の形をユーザー中心に変えることで、ユーザー価値を生み出す方法を紹介していきます。

役割中心での共創は難しい

一般的な組織では、メンバーに業務内容に応じて役割を与え、チームに分割しています。これを役割中心の組織とします。ユーザー視点を中心にした共創するモノづくりは、全員が業務内容にとらわれずに行動できる組織でなければ実現は困難です。

「役割中心の組織」「業務内容にとらわれずに行動できる組織」と言っても抽象的でイメージしづらいので、レストランに例えてみます。料理（プロダクト）をつくるのはレストランの厨房にあたる企画・開発などの部門です。ホールはお客さん（ユーザー）に料理を提供し、コミュニケーションをとるセールスやカスタマーサービスなどの部門といえるでしょう。

お客さん（ユーザー）に価値を提供するためには、料理（プロダクト）だけにではなく、レストラン（組織）そのものに注目しなければなりません。

　オーナーシェフがひとりで切り盛りしているうちは、自分だけで完結して思い描く最高のレストランで最高の料理をつくり出せます。シェフがホールと厨房を行き来して、注文をとり、料理をつくり、料理にあったワインを選びます。レシピや接客などを柔軟に変更して、お客さんの満足を追い求められます。より多くのお客さんに喜んでもらいたいと考えると、従業員を雇うことが現実的です。ウェイターがオーダーを厨房に伝え、コックが厨房で料理に腕をふるい、ソムリエが顧客のリクエストに合わせてワインを選ぶようになります。

　やがてコックにはコックの業務フローが、ウェイターにはウェイターの業務フローが生まれ、その業務フローを研ぎ澄ますことがそれぞれの関心の中心になります。こうして、それぞれの視点は自分の役割に集中し、役割中心のレストランに変わっていきます。

　役割が中心になったレストランでは、それぞれのエキスパートは自分の信じる最高

図：視点が違う議論は収束しない

Q　視点がズレた議論をした経験はありますか？

#UCO

図と一緒に自分の考えや体験をシェアしてみよう！➡

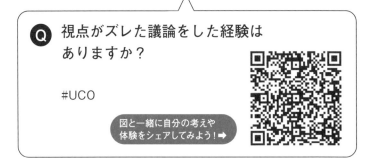

のサービスを提供しようとしているにもかかわらず、ウェイターはコックが「どこから材料を仕入れているのか、どのように調理しているのか」わかりません。コックは、ウェイターが「顧客にどんなサービスをして、どのように料理を勧めているのか」を理解しようとしません。ソムリエは、「来週のワインリストをどうするか」にしか関心がありません。本来、価値を生み出すために本当に大切にしなければいけないユーザーに誰も向き合わない状態です。

役割中心組織では、視点がバラバラになりがちです。つくるモノが決まっているときの業務効率化やコスト削減には向いていますが、何をつくればよいのかわからず、共創が求められる場面には向きません。それぞれの役割に閉じた組織では、たとえエキスパートが集まっていても共創が起きにくいと言えます。これについては「6章目的に向き合うチーム」でも解説します。

「群盲象を評す」

視点がそろっていない組織の弊害を理解してもらうために、「群盲象を評す」というインドの寓話を紹介します。物語には数人の盲人が登場し、それぞれが象に触って感想について語り合います。

象の足を触った盲人は「柱のようです」と答えます。
しっぽを触った盲人は「綱のようです」と答えます。
長い鼻を触った盲人は「木の枝のようです」と答えます。
耳を触った盲人は「扇のようです」と答えます。
腹を触った盲人は「壁のようです」と答えます。
牙を触った盲人は「パイプのようです」と答えます。

これは
ウチワだ
これは
ヤリだ
これは
壁だ
これは
ロープだ
これは
ヘビだ
これは
木だ

図：1匹のゾウに対して全く別の捉え方をしている盲人達

それぞれ触った部位が異なるため、当然感想も異なります。それなのに、それぞれが「正しいのは私だ！」と主張して譲りません。それを見ていた王が、盲人たちにこう伝えます。

「あなた方はみな正しい。しかしあなた方の話が食い違っているのは、あなた方が象の異なる部分を触っていたからです。象は、あなた方が答えた特性をすべて備えているのです」

この寓話はさまざまな国で、教訓として伝えられています。同じ状況は組織にもあてはまります。エンジニアやデザイナーが考える「よいモノ」、営業サイドが考える「よいモノ」、企画担当者が考える「よいモノ」、それぞれが考えているのは同じ「モノ」ではありません。

それぞれが触っている部分（担当する業務）にのみ注目してモノの良し悪しを語るのは、盲目のまま象の姿について議論するのと同じです。

組織が大きくなり、それぞれが自分の業務の視点から良し悪しを判断していては、役割が増えるごとに「よいモノ」も増えていきます。

組織の視点をそろえる

モノの価値を判断する基準は、置かれている立場によって変わります。デザイナーは見た目の美しさを何より重視しているかもしれません。エンジニアは運用の簡易さに価値を感じているかもしれません。セールスは競合と比較した優位性を求めている

図：それぞれが考える「よいプロダクト」の形は違う

かもしれません。

それぞれにとって価値あるモノをつくろうと議論した結果、まとまらず折衷案のモノをつくると、誰にも必要とされないモノが生まれてしまいます。

だからといって、同じ役割と価値観を持つメンバーばかりを集めてモノづくりをしても、議論はスムーズに進むかもしれませんが、新しいアイデアは生まれにくいです。既存の意見がより強くなるだけで、新しいユーザー価値を生み出すのは難しいでしょう。


ここで必要なのは、それぞれの立場の視点からモノを評価するのではなく、評価する視点を組織でひとつにまとめることです。

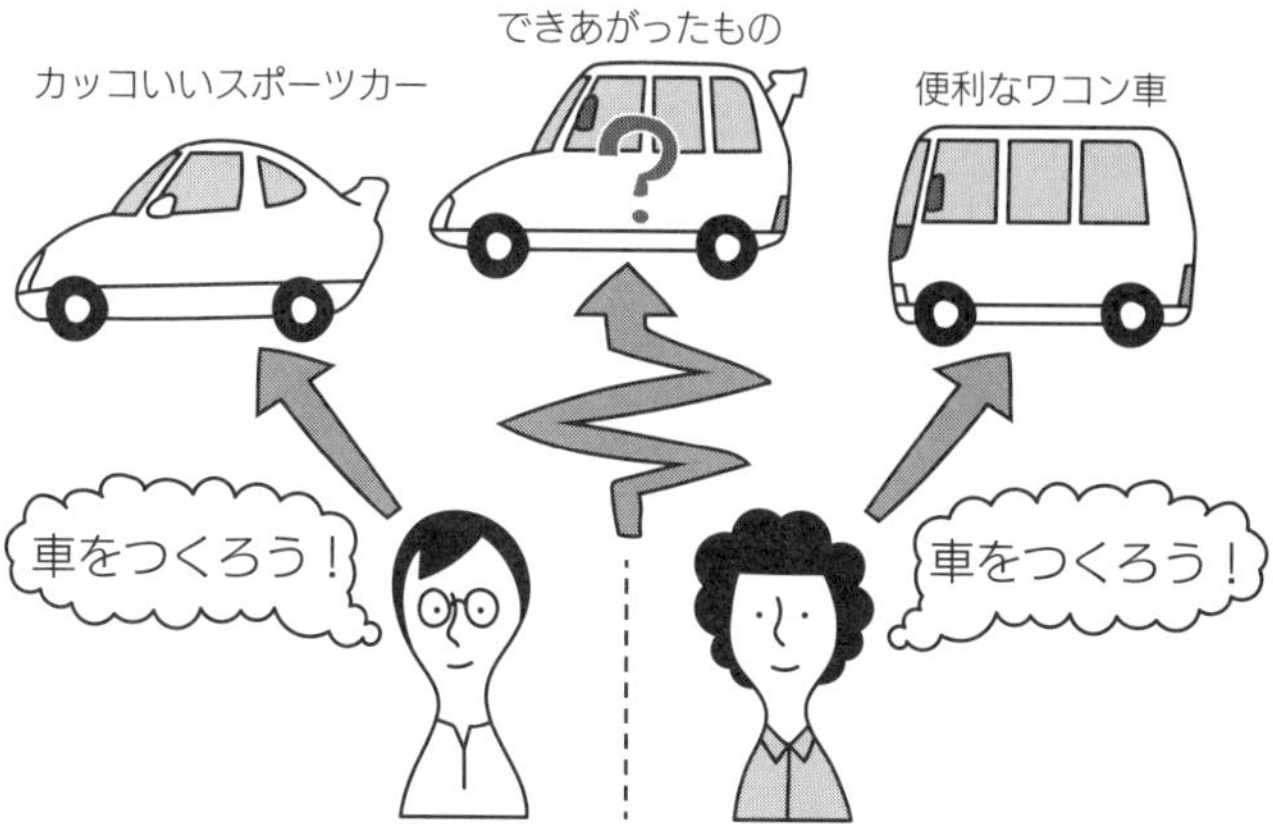

図：互いの視点がそろっていないとロスが生まれる

Q 別視点からの折衷案で失敗したことはありますか？

#UCO

図と一緒に自分の考えや体験をシェアしてみよう！➡

視点をひとつにまとめれば、モノづくりに関わる力もひとつの方向を向けることができます。大きな重りを綱で引いて動かそうとしたとき、ひとりより2人で引くほうが、動かせる可能性は高いでしょう。ただし、2人が同じ方向に引く力を向けなければ意味がありません。それぞれが違う方向に重りを引いたら、ひとりのときより動かせる重量は小さいでしょう。

モノづくりも同じです。視点も目的地もバラバラでは共創は生まれません。視点をそろえ、力のベクトルをそろえ、掛け算の力を生み出すのが共創する組織です。

ユーザーが組織の視点を束ねる

もうみなさんおわかりかと思います。組織の視点をまとめる中心として、最も適しているのは「ユーザー」です。**モノづくりの最終目的は「ユーザーに価値を届けること」だからです。**

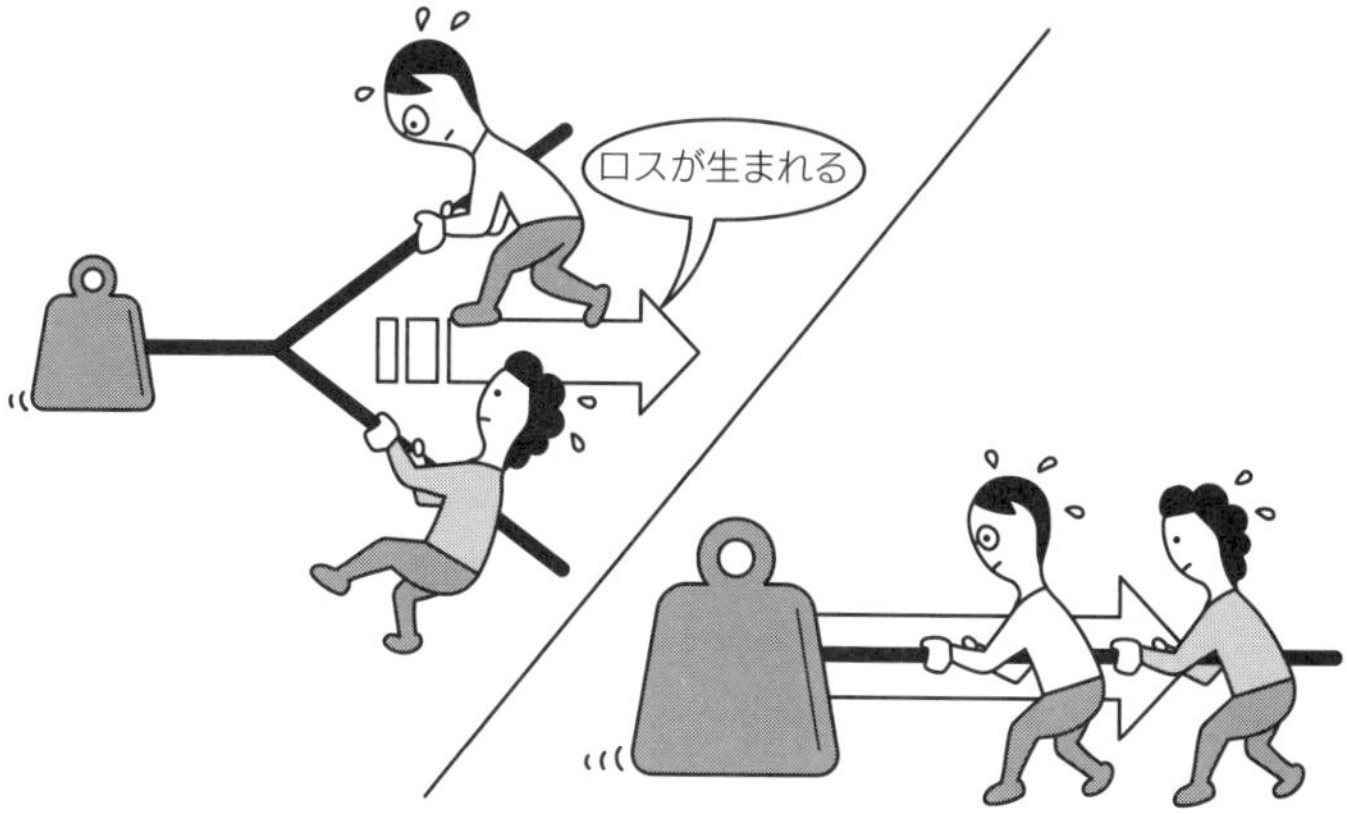

図：ベクトルのズレによるエネルギーの違い

「これをつくる」という設計図自体に視点をそろえてしまうと、その設計図がユーザーにとって価値がなくなったときにすべてが無駄になります。これはVUCA時代のモノづくりにおいて起こりがちです。

ユーザー価値を生み出すことが目的であれば、ユーザーに組織の視点を合わせるのが最も直接的な方法です。ユーザーに視点がそろっていれば、もしモノづくりの設計図を間違っても、何度でもすばやく方向転換できます。

営業にとっては対価を支払ってくれる人、デザイナーにとっては感動してくれる人、エンジニアにとってはテクノロジーを利用してくれる人。これらをすべて同じユーザーにそろえるのです。

どんな立場のメンバーであっても、それぞれの「よいモノ」の先には同じユーザーがいます。

ユーザー視点は、組織のモノづくりの共通の視点になりえます。バラバラになりがちなエキスパートたちの視点を、それぞれの役割を活かしたままひとつにまとめられます。それぞれのエキスパートがユーザー視点を持てば、すばやく柔軟な改善のサイクルが回ります。

「さまざまなエキスパートがユーザーを中心に視点を合わせ、組織が共創をはじめ、新たなユーザー価値を創造する」これが本書の目指すユーザー中心組織のあり方です。

これから、共創が生まれるユーザー中心な組織のつくり方を解説していきます。ユーザー中心な組織をつくるための要素として、ビジョン、ビジネス、チーム、サイクル、カルチャーの5つの要素を取り上げます。

共創のための5つの要素

組織において価値あるモノづくりをするためには、次の5つの要素のベクトルをユーザー中心にそろえる必要があると考えます。

- **【ビジョン】**　船の行く先はどこか
- **【ビジネス】**　船をどうやって前に進めるか
- **【チーム】**　船の仕事をどう分担するか
- **【サイクル】**　船をどう軌道修正していくか
- **【カルチャー】**　船員がどう協力しあうか

それぞれの要素がどれだけよく練られていたとしても、ベクトルがバラバラになっている組織をよく見かけます。それでは、「船頭多くして船山に登る」になりかねま

図：船頭多くして船山に登る組織

せん。そうならないためにも、これらの5つの要素をユーザーを中心にそろえていきましょう。

5つの要素を簡単に紹介します。

①【ビジョン】何を成し遂げたいかの理念・目的地

本書におけるビジョンとは、夢や理想のような抽象的なものではなく、具体的な組織の目指す方向性です。「誰にどんな価値を提供したいのか」をユーザー視点で具体化して、組織の視点をそろえましょう。

②【ビジネス】収益を上げて成長を維持するためのしくみ

営利企業であれば、収益が必要です。ユーザーを中心にしてビジネスモデルを整理することで、ビジネスの成長サイクルを目指します。ビジネス部門だけではなく、企画や開発なども含めた組織のあらゆるメンバーがそれぞれの役割を整理して、ユーザー中心なビジネスモデルを構築していきましょう。

③【チーム】目的を同じくしたチームでモノをつくる

組織が大きくなるにつれて、全員参加でのモノづくりは難しくなります。このとき実務の単位で分割された「チーム」をつくります。会社によってはプロジェクトだったり、事業部であったりするでしょう。メンバーが同じ方向に進むために、ユーザー中心に視点に合わせた「目標」を設定していきましょう。

④【サイクル】組織とモノづくりをサイクルで成長させる

ビジョンにはすぐにはたどり着けません。小さく試す「プロトタイピング」という

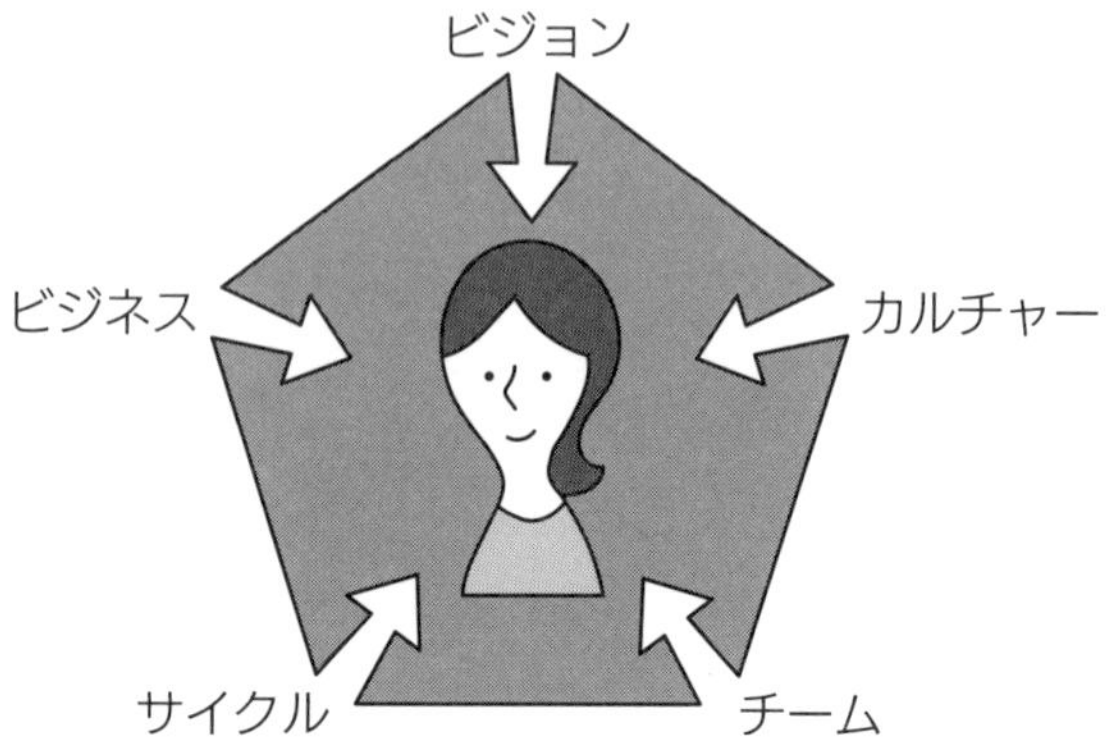

図：さまざまな角度からユーザーに視点をそろえることで組織は成長する

プロセスを通して、小さな成功と失敗の学びを組織に蓄積しましょう。細かな試行錯誤のサイクルは、一見遠回りしているようにも見えますが、一直線にたどり着こうとするより価値あるモノをつくり出せる可能性が高まります。ユーザーというコンパスを見つめながら、小さくサイクルを回しビジョンの実現に向かいましょう。

⑤【カルチャー】組織の土台をつくる

カルチャーは組織の土台です。共創は優れたカルチャーのうえでこそ維持できます。どんなにすばらしいメンバーが集った組織も、悪いカルチャーが根付けば崩壊に向かいます。共創を生み出す組織であり続けるために、関係性のグッドサイクルを回しましょう。

これから解説するのは、5つの要素のベクトルをユーザーにそろえていく方法です。章の順に、組織の根本的な部分から、個人につながる部分へ関連していきます。自分の立場に置き換えて考えるのが難しいと感じたら、いくつか章を読み飛ばして、後で読んでもかまいません。

5つの要素をすべて細部にわたって理解する必要はありません。**もし5つの中で、自分が「行動したい」と強い熱意を感じる部分があれば、そこからはじめてみましょう。**具体的な行動の起こし方は9章から解説します。

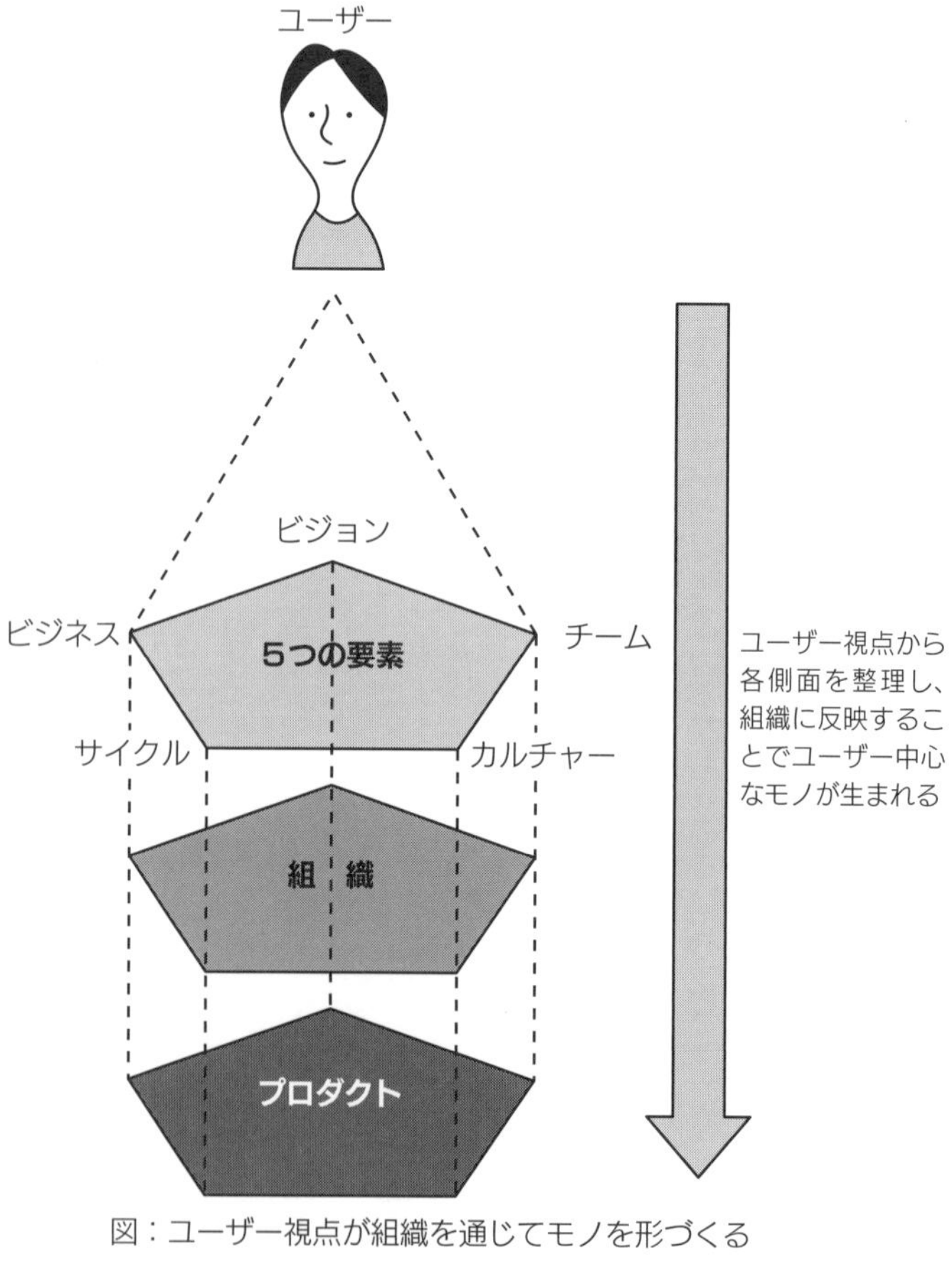

図：ユーザー視点が組織を通じてモノを形づくる

小さくはじめてみよう！

別の視点からモノを評価してみよう

身の回りを見渡して、何か分かりやすい特徴を持つモノをひとつ写真に撮ってみてください。そのモノの持つ特徴を「自分の視点」で見たときと、立場の違う「他者の視点」で見たときでどう違うかを言語化してみましょう。

【回答例】（薄いガラスコップの写真を撮って）
私にとって、この薄いガラスでできたコップは飲み口がよく気に入っている。一方で、割れたら鋭利な破片でケガをしてしまうかもしれない。小さな子どものいる家庭では喜ばれないだろう。

この章のあなたの学びを
シェアしてみよう！#UOC

4
章

モノづくりのビジョン

ユーザー視点なビジョン

組織も、組織がつくり出すモノも、いずれも何らかのビジョンのもとに生み出されていますが、組織の人数が増え時間が経つと、徐々に当初のビジョンとズレが生じてきます。

この章では、既存のビジョンをエレベーターピッチといったフレームワークで具体化し、プロトペルソナというフレームワークを用いてユーザー視点から見つめ直していきます。

世の中にユーザーは無数にいて、そのユーザーが持つ課題もさまざまです。どんなにすばらしいモノでも、ひとつのモノが解決できる課題は限られています。無数のユーザーの中から、あなたにとってのユーザーを定めましょう。そのための道標が本書における**ビジョン**です。

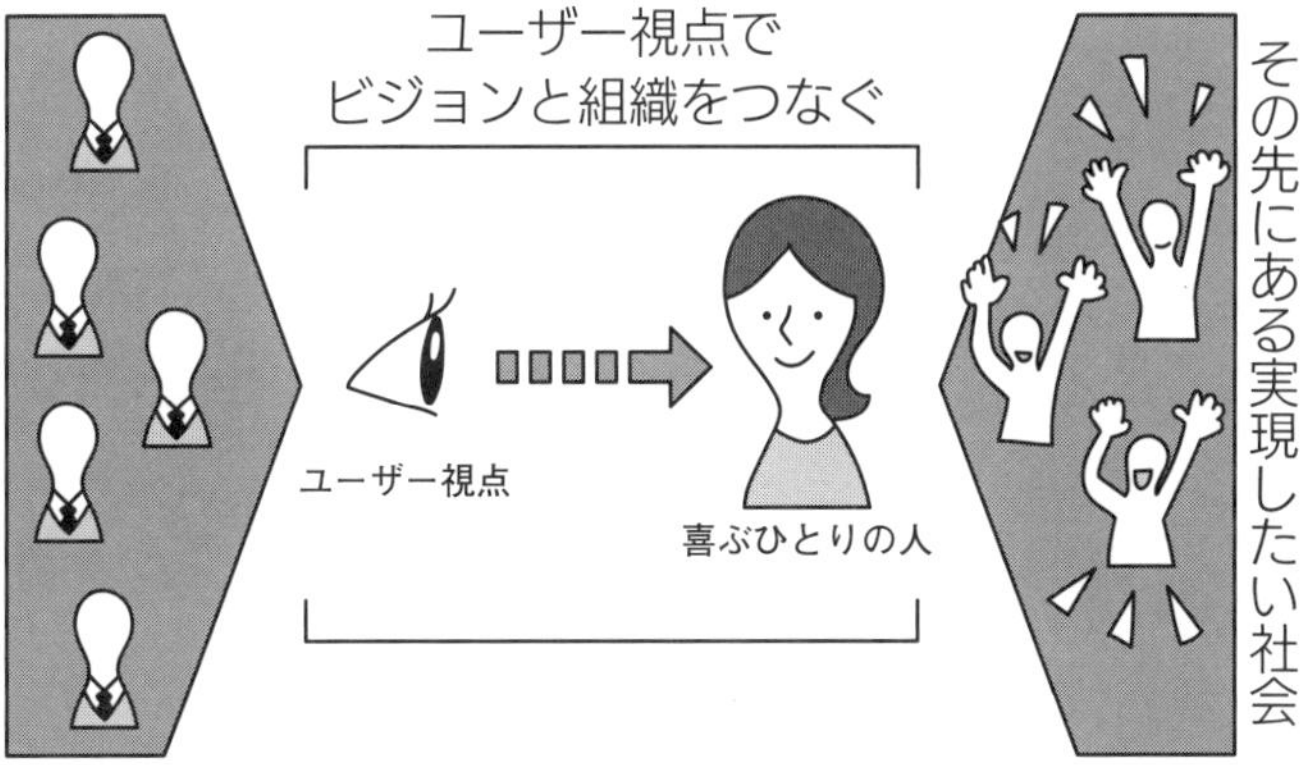

図：具体的なユーザーの姿を通して、実現したい世界を見通す

ビジョンは、「なぜそれをするのか？」という本質的な目的です。

ビジョンを共創の起点にするためには、モノづくりが社会の「誰」にインパクトを与えるのかを具体化することです。その「誰か」こそが組織の視点を束ねるユーザーに他なりません。

モノづくりのビジョンが実現したとき、その「誰か」にどんな喜びを与えることができるでしょうか。モノづくりのビジョンから、組織がどのようなユーザーに視点を合わせればよいのかを具体化していきましょう。

組織の中には大小さまざまなビジョンがあります。組織全体がなぜそこに集まっているかという大きなビジョンから、あなたがいま着手しているモノづくりにもビジョンがあります。

　組織において、自分の仕事のビジョンを見失っているとしたら、より大きな組織全体のビジョンに立ち返りましょう。組織のビジョンははっきりと言語化されているわけではありません。組織の目的や方向性が自然と共有されて、暗黙のうちに浸透していることもあります。

　創業して間もない組織では、創業者のビジョンに共感してメンバーが集まることがあります。そのため、組織が小さいうちは、ビジョンは自然と組織の中に浸透しています。しかし、組織が成長して大きくなると、業務は細分化します。ビジョンが言語化されていたとしても、新しく入ったメンバーは目の前の業務だけに目が向きがちになります。創業時からのメンバーであっても、時間が経つにつれて「自分たちは何のために集まったのか」を忘れてしまうかもしれません。

　ビジョンが見えにくくなると、組織のメンバーはそれぞれの解釈で目的を決めてしまいます。その結果、組織のベクトルはそろわなくなっていきます。

モノづくりのビジョンに必要な情報を集める

組織のビジョンが見えてくると、現在つくろうとしているモノのビジョンの輪郭が見えてきます。

さらにビジョンを明確にするために、これからつくり出すモノの特徴を集めていきます。**エレベーターピッチ**という手法を聞いたことがあるでしょうか。エレベーターピッチは、本来「エレベーターに乗っているほどの短時間」で相手に考えを伝えるプレゼンテーションの手法ですが、最近ではエンジニアやデザイナーのチームづくりや、モノづくりの視点合わせなどにも活用されています。

次のような雛形を用いて作成します。シンプルですが、つくろうとしているプロダクトやサービスの特徴を整理するには有効です。

この**【プロダクトやサービスの名前】**は、
【ユーザーの潜在的なニーズを満たし、抱えている課題を解決】したい、
【ユーザーの特徴】向けの、
【プロダクトやサービスのカテゴリ】です。
ユーザーは**【コストに見合う価値】**ができ、
【競合するプロダクトやサービス】とは違って、
【決定的に差別化できる特徴】が備わっています。

まずはメンバーとの対話を通してこのエレベーターピッチを記述してみましょう。**エレベーターピッチはひとりでもできますが、社内のさまざまなメンバーに話を聞いて整理するのをお勧めします。**

日常にあるさまざまな機会を活用してみましょう。定期的な1on1ミーティングがあればそれを利用するのも有効です。入社前であれば会社説明を受ける段階で聞くのもよいでしょう。コミュニケーションツールを用いたテキストメッセージでもか

図：雑談からエレベーターピッチを聞き出す

Q あなたのモノづくりで「解決したい課題」は何ですか？

#UCO

図と一緒に自分の考えや体験をシェアしてみよう！➡

まいません。次のように、自然に質問をしてみてください。

「営業先で、いつも比べられちゃうモノって何ですか？(競合するモノ)」

「お客様が決め手にされるポイントってどこが多いのですか？(コストに見合う価値)」

「○○でよくない？ って聞かれたときにどう答えるんですか (決定的に差別化できる特徴)」

モノの特徴をブラッシュアップするために、まず自分でつくったエレベーターピッチを公開して、周囲の反応を見る方法もお勧めです。

ここまでに紹介した方法を利用して、多方面からの意見を集めて整理していく中で、自分の言葉でモノの特徴を説明できるようになれば、より理解が深まっている証拠です。

ユーザー視点からビジョンを見つめ直す

エレベーターピッチでモノの特徴を整理しただけでは、ビジョンの「対象となるユーザー像」はまだ抽象的です。モノづくりのビジョンをユーザー視点で見つめ直してみましょう。

ユーザー中心なモノづくりでは、対象ユーザーをプロトペルソナという手法でさらに具体化します。ペルソナとは、ユーザーに共感しながらモノづくりをするために利用するフレームワークです。「全員を喜ばせようとするモノは、誰も喜ばせられない」という原則を思い出してください。ここでもペルソナの作成は「まずは具体的なひとりのユーザーのためにモノづくりをする」という思想に基づきます。

「プロトペルソナ」とは、ユーザー調査ができないときに活用する簡易的なペルソナで、プロジェクトを立ち上げるときによく利用されます。プロトペルソナは、あくまで想像であり、確かなデータに基づいていないことを十分理解したうえで利用して

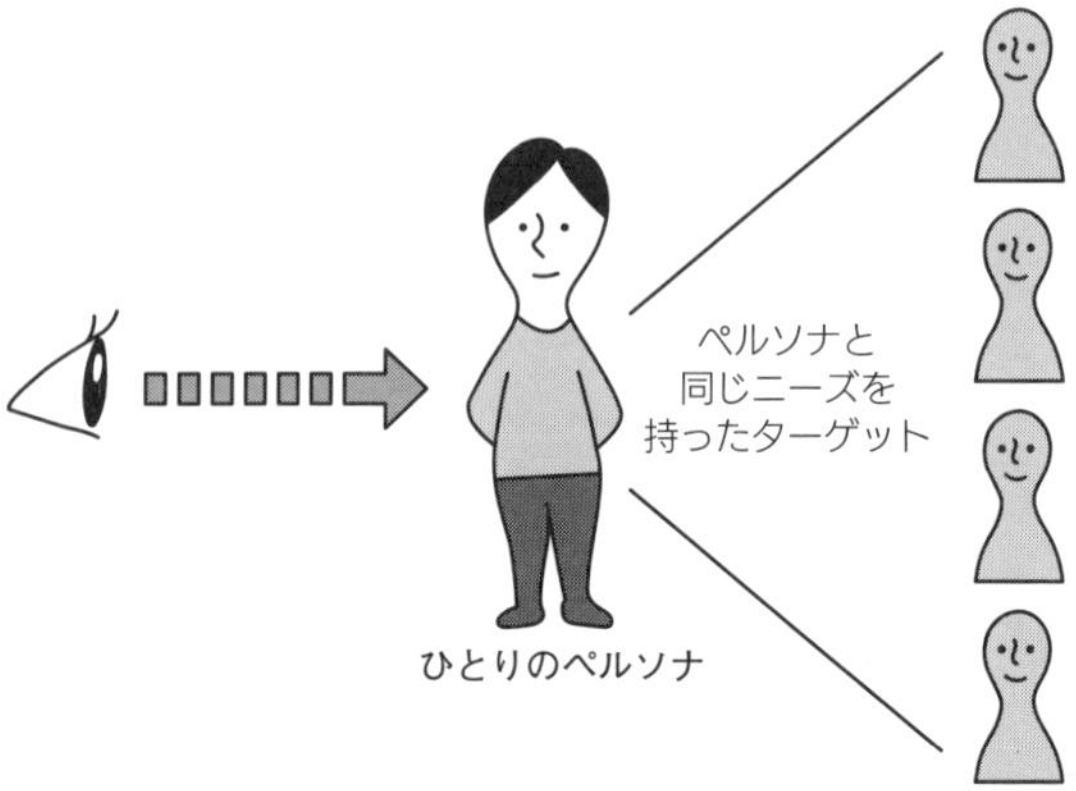

図：ひとりのペルソナを通して市場の大きさを測る

ください。

プロトペルソナを構成する要素は、簡潔には次の4項目です。

1. 名前とイメージイラスト
2. その人の具体的な属性やデータ
3. 具体的にどんなことを言っているか、思っているか
4. どんなニーズやペイン（課題）を感じているか

エレベーターピッチで整理したプロダクトの特徴をもとにこの4項目を検討し、ユーザーを具体的にしていきましょう。身近な人間のようにイメージできるとよいでしょう。

プロトペルソナを設定するときに重要なのは、「ビジョンが達成されたとき喜ぶのは誰か」を想像しながら作成することです。

プロトペルソナを通してモノのビジョンを見つめ直せば、「どんな人に喜んでほしいのか」が具体的になり、視点がそろいやすくなります。

これまで述べた、ビジョンからプロトペルソナまでを具体化するためには、ぜひ思い切って創業者やプロダクト・サービスの責任者に話を聞いてみましょう。それが最も組織の意思を反映したプロトペルソナを生み出す近道です。

トップや責任者にいきなり話を聞くのが難しい場合は、古くからプロダクトやサービスに関わっているメンバーにインタビューしてみたり、組織の成り立ちがわかる資料（創業者の自伝など）を紐解いたりしてみてください。

例えば、私が所属していた、法律相談や弁護士検索のポータルサイトを運営する「弁護士ドットコム」では、創業者の「自分が交通事故にあったとき、どうしたらよいのかわからなかった」という体験が、「専門家を身近にする」というビジョンの原体験になっており、それらはすでに著書やドキュメントの形でまとめられていました。

この原体験に基づく情報を知ることができると、「専門家を身近にする」というビジョンは、「交通事故（法的なトラブル）にあったときどうしてよいかわからず困っている」ユーザーを、「すぐに相談できて安心できる」ユーザーに変えようという指針とわかるでしょう。

「そのモノをなぜつくろうと思ったのか」という抽象的なビジョンに組織の視点をそろえるは難しいですが、プロトペルソナのように実態のあるユーザーに整理し直せば、視点をそろえやすくなります。

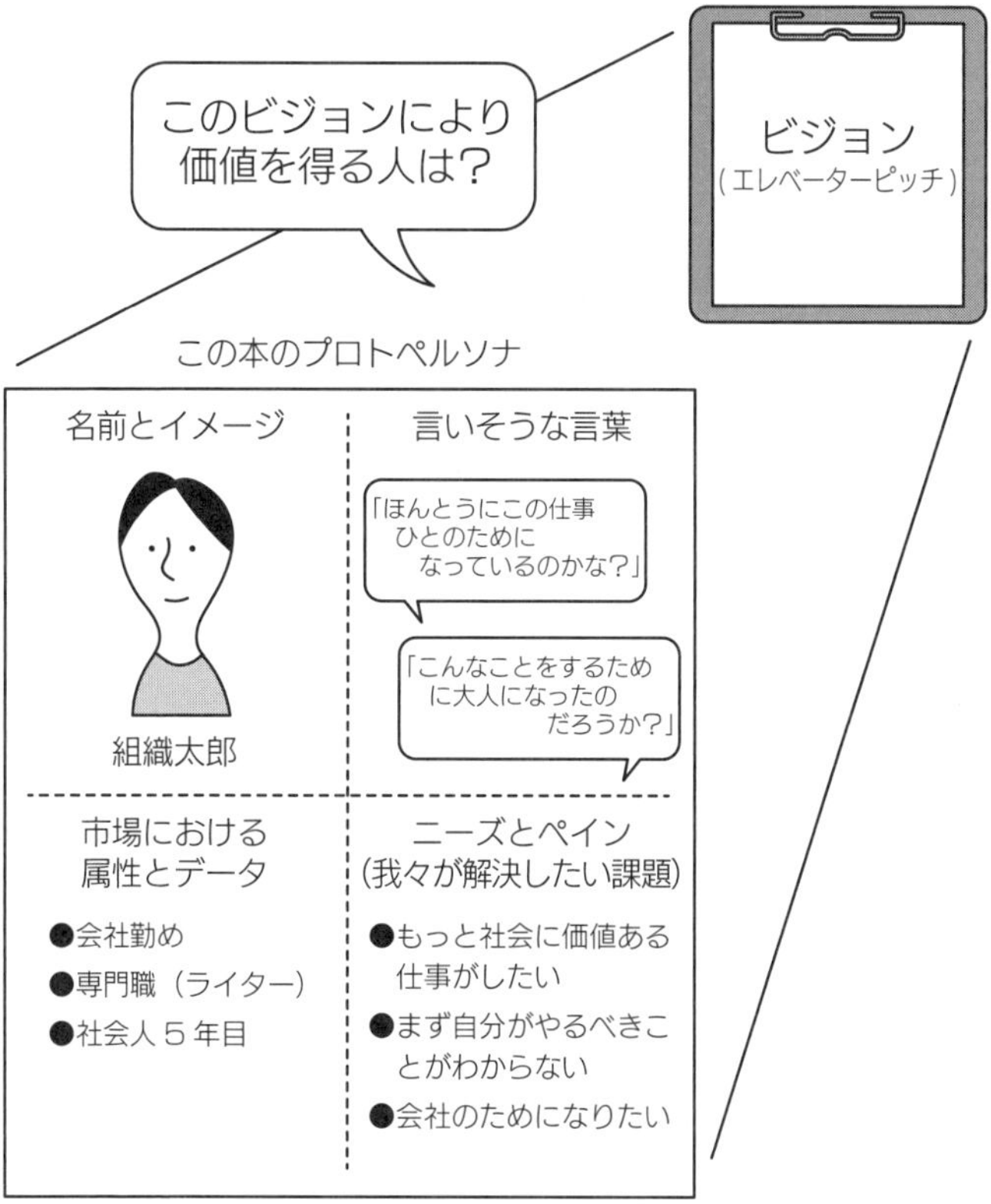

図：ビジョンから想像したプロトペルソナの例

推薦図書

「ザ・ビジョン 進むべき道は見えているか」

Ken Blanchard、Jesse Stoner著、田辺 希久子 翻訳、ダイヤモンド社（2004年）

ビジョンが組織に与える影響や、ビジョンに必要な要素をストーリー形式で理解できます。日々経営者から送られてくるメールを手がかりに、ビジョンのつくり方、定着させる方法などが解説されています。

この書籍の中で、「目的とは、顧客の視点に立って、その組織の『真の使命』を明らかにしたものである」とあります。ビジョンとユーザー視点との接続を深く理解できるでしょう。

小さくはじめてみよう！

どんな人を喜ばせたモノなのか考えてみよう

身の回りを見渡して、何か目新しい特徴をもつモノをひとつ写真に撮ってみてください。その目新しい特徴は誰にどんな風に喜んでもらうためにつくられたのか、分析して言語化してみましょう。

【回答例】（交通系ＩＣカードの写真を撮って）
事前にチャージしてワンタッチで決済できる交通系ＩＣカードは、毎日の「混雑してわずらわしい通勤を少しでも効率化したい！」というビジネスパーソンのストレスを大きく軽減したことだろう。

この章のあなたの学びを
シェアしてみよう！#UOC

5章

ビジネスとの統合

ビジネスは組織成長のエンジン

プロトペルソナを設定して組織のビジョンを具体的にすることで、組織の視点がそろえてモノづくりができる……。

こうしたプロセスは、「とにかく売れるモノをつくってほしい」と願うセールスなどのビジネス部門の人からすれば、クリエイターの理想論・自己満足とも思えるかもしれません。

「売れるモノをつくってほしい」という願いは決して間違っているわけではありません。営利組織が健全に成長していくためには、利益からは逃げられません。組織のビジョンを実現するには、利益というガソリンが必要です。ここまで読んでいただければおわかりかと思いますが、ユーザー価値は、**一部のエキスパートであるクリエイターだけが生み出しているわけではありません。**

一見モノづくりには直接関わらないように見えるセールスのメンバーも、ユーザーとのコミュニケーションを通じて、ユーザーにモノの価値を伝えています。経理や事務など組織を支えるメンバーも、モノが健全に機能するために欠かせません。モノに関わるすべてのビジネスを健全に回すことが、ユーザー価値を生み出すことにつながります。

ユーザー中心なビジネスのサイクル

ビジネスのサイクルとは、「価値」を提案して「ユーザー」が集まり「収益」が生まれている状態です。「価値」があるから「ユーザー」が集まり、「ユーザー」が集まるからこそ「収益」が上がるのです。目先の収益にとらわれると、ユーザーへの価値の提供がおろそかになり、結果的に成長のサイクルが回らなくなります。

ユーザーの得る情報量や選択肢が増えた現代において、ユーザーにとって価値がないモノを営業スキルで無理やり押し付けるような方法で強引に利益を上げ続けると、すぐに他の優れたモノに乗り換えられてしまいます。利益が生まれるのは、あくまでユーザーが「モノに対して対価を支払う価値がある」と感じた結果でなければなりません。

ユーザーの課題を解決する価値あるモノをつくり出し、多くのユーザーに利用してもらえれば、健全なマネタイズのサイクルが生まれます。

得た収益をユーザーのために再び投資すれば、さらに魅力的なプロダクトを生み出せます。例えば、弁護士ドットコムは、ごく簡単に言えば、法律トラブルを解決したいユーザーと、新しい顧客を獲得したい弁護士との橋渡しをするウェブサイトを運営しています。

一般のユーザー向けには弁護士に無料で法律相談できる「みんなの法律相談」や、弁護士を探せる検索機能など、さまざまなコンテンツを用意しています。また弁護士ユーザー向けには自分の紹介ページを作成することで、ウェブ上で自分たちの仕事内容を広く伝えることができます。

こうしたコンテンツに価値を感じて、サイトには法的な悩みを抱えた多くのユー

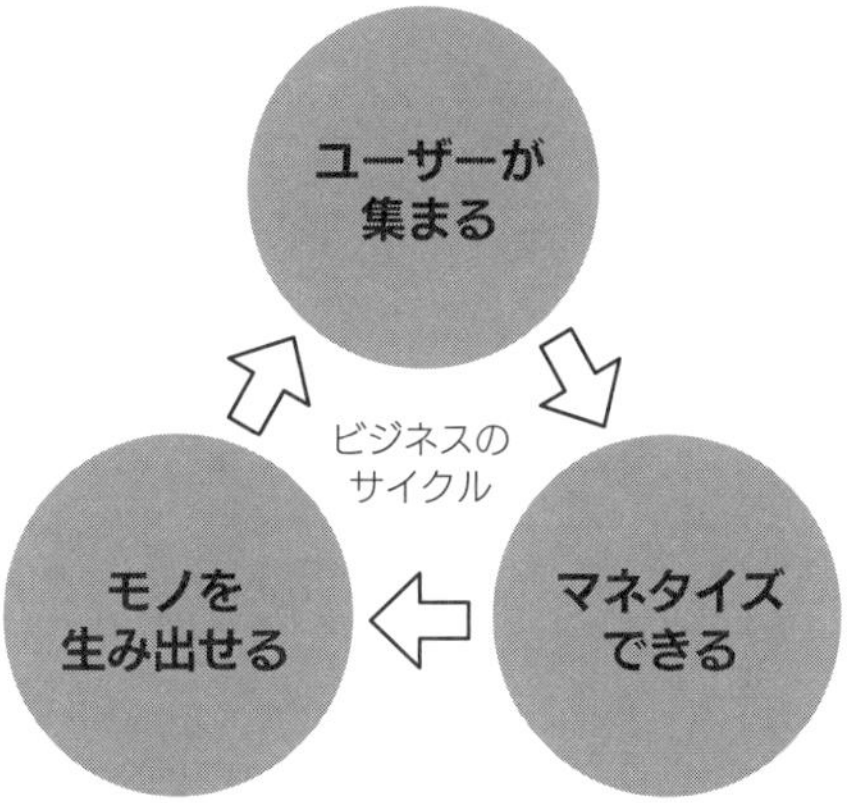

図：ユーザーからはじまるビジネスの正のサイクル

Q あなたのプロダクトには、なぜユーザーが集まるのでしょうか？

#UCO

図と一緒に自分の考えや
体験をシェアしてみよう！➡

ザーが訪れています。多くのユーザーが訪れるので、新しい顧客を獲得したい弁護士ユーザーもまた、サイトに価値を感じて、紹介ページを掲載します。

これらのサービスは無料でも利用できますが、制限なく機能を利用したいというユーザーや、紹介ページを充実させたいという弁護士ユーザーから対価をいただいて収益を上げています。

得た収益は、ユーザーがより価値を感じてくれるサービスにするために活用されます。コンテンツ作成や機能追加、新しいサービスの開発などを行って、ユーザーへの提供価値が向上したサイトには、さらに多くのユーザーが訪れてくれるようになります。こうして、さらなる収益の機会が生まれます。

とてもシンプルに見えますが、ユーザーを中心とするビジネスのサイクルを回すには、ユーザーを中心にしてビジネスモデルを整理し、ユーザーに価値を提供するのがはじまりです。

現状のビジネスを理解する

現状のビジネスがどのような構造になっているのかを把握してみましょう。

ここではビジネスのフレームワークである**リーンキャンバス**を用います。モノとビジネスの関係を整理することで、「ユーザーの課題解決とビジネスの成長がどのように関係しているのか」を明らかにできます。

リーンキャンバスは簡単に言えば、**ビジネスモデルをユーザー視点が中心になるようにまとめた図です。**「リーンスタートアップ」という著書で有名な米国の起業家、エリック・リース氏が提唱した手法です。

ユーザーの課題や属性から書きはじめて、「どのようなモノをつくり出して、どのように収益を上げるか」を1枚の図で表します。先ほど説明した「ユーザー中心のビジネスサイクル」を図で表すと言ってもよいでしょう。

リーンキャンバスのそれぞれ隣り合うマスは関連し合っていなければなりません。

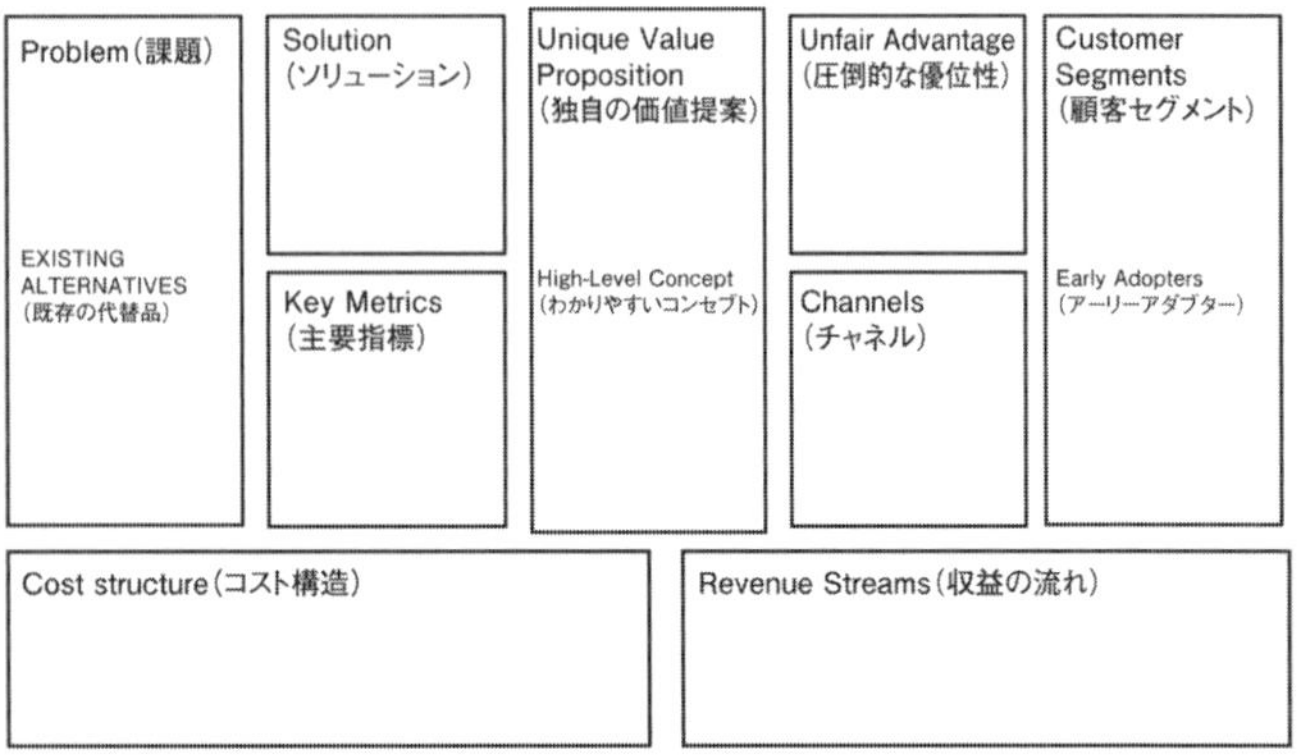

図：リーンキャンバスの例（Lean Canvas is adapted from The Business Model Canvas (BusinessModelGeneration.com) and is licensed under the Creative Commons Attribution-Share Alike 3.0 Un-ported License.）

リーンキャンバスの左側を見てください。例えば「課題」と「コスト構造」に納得感のあるつながりが見えているでしょうか。多くの組織ではこれらのマスごとに担当者が分割されているため、このつながりを忘れがちです。リーンキャンバスを描くことで、組織のメンバーが担当するビジネスのつながりを改めて俯瞰できます。

リーンキャンバスは本来、スタートアップや新規プロジェクトで「こうありたい未来（To-Be）」を描くために使われるフレームワークですが、今回は「現状のビジネスモデル（As-Is）」を確認するために利用します。

リーンキャンバスは、次のような1

枚の紙にまとめます。大きく9つの要素から構成されていて、隣り合う要素が互いに強い影響を持ってます。例えば、ユーザーはどこから来るかという「チャネル」は、誰がターゲットユーザーであるかという「顧客セグメント」に強く影響を受けます。また、提供する具体的な機能である「ソリューション」は、ユーザーの持つ「課題」を解決するものでなければいけません。

このようにユーザーを中心にしてビジネスモデルを再整理していくことができます。前章のエレベーターピッチ、プロトペルソナの設定が済んでいるとスムーズに書き進めることができます。

9つの要素を書き出すときのポイントを紹介します。

①Problem（課題）

ユーザーが持つ課題を書き出します。プロトペルソナの課題の中で、あなたが解決したい課題は何ですか？

プロダクトやサービスが、ユーザーのどのような課題を解決してくれるのかを書き出しましょう。

②Customer Segments（顧客セグメント）

プロダクトやサービスが誰をターゲットにつくられたのか、改めてプロトペルソナで考えた内容をあてはめてみましょう。

③Unique Value Proposition（独自の価値提案）

プロダクトやサービスの価値を一言で表すと何でしょうか？

プロダクトやサービスを利用したとき、プロトペルソナはどんな点に喜ぶか想像してみましょう。プロダクトやサービスの価値を初見のユーザーに伝えるときに、一言のキャッチコピーで価値を伝えることができるか考えてみましょう。

④Solution（ソリューション）

プロダクトやサービスはどのようにユーザーの課題を解決しますか？
プロダクトの機能やサービスのしくみを改めて書き出してみましょう。

⑤Channels(チャネル)

ユーザーはプロダクトやサービスの存在をどのように知り、接点を持ちますか？

検索、SNS、テレビ、新聞、雑誌、リスティング広告、セミナー、展示会などさまざまな経路（チャネル）を書き出してみましょう。そのうえで、「顧客セグメント」で定めたユーザーが実際に興味を持つであろう経路をまとめてみましょう。

⑥Revenue Streams(収益の流れ)

このビジネスはどうやって収益を上げますか？

ユーザーはどのような形でプロダクトやサービスにお金を支払ってくれるのか整理しましょう。収益モデルや値段を書き出しましょう。

⑦Cost structure(コスト構造)

プロダクトやサービスを維持するのに必要なコストは何ですか？

どのようなコストがかかっているのか、思いつく限り書き出してみましょう（顧客獲得コスト、人件費など）。すべてのコストを見積もるのは難しいので、思いつくものだけでもかまいません。

⑧Key Metrics（主要指標）

プロダクトやサービスが正しい方向に進んでいるか、何を見て計測しますか？

そのプロダクトやサービスがユーザーの課題を解決できているか、価値を提供できているか、それによって収益を上げられているかなど、日々確認する方法を考え、ファンの数、来訪者数や閲覧数など、そのプロダクトやサービスにとって大切な指標を書き出しましょう。主要指標を決めるのは難しい作業です。思いつくものから書き出しましょう。

⑨Unfair Advantage（圧倒的な優位性）

他のプロダクトやサービスが簡単に真似できない、一番の差別化要因は何ですか？

ユーザーとビジネスは つながっているか？

競合が簡単にマネできない優位性は何か考えてみましょう。

最初はリーンキャンバスに空欄があってもかまいません。正解はないので、まずは時間を決めて一気につくり上げてみましょう。エレベーターピッチと同じように、組織の中のさまざまなメンバーの声を聞くのもお勧めです。

セールスの人が「Solution（ソリューション）」の項目を説明するのは難しいかもしれません。開発サイドの人は「Cost Structure（コスト構造）」を完璧に埋められないかもしれません。

組織が現場の声に耳を傾けてくれるのであれば、ステークホルダーを集めて座談会方式で一緒に埋めてみてもよいでしょう。「私はこう思っていた」「僕はここを知らなかった」といったズレや空白がわかるかもしれません。

組織がリーンキャンバスをつくることに懐疑的で、メリットや費用対効果の説明を

それぞれの仕事がかみ合っているのか、かみ合っていないのか、まずは現状を把握するするのが大切

図：組織のパズルがずれている点を発見しよう

求められるような場合は、無理につくろうとはせずに、雑談を通したヒアリングからはじめてもかまいません。自分が理解していると考えている部分もスキップせずに、他の人の視点から改めて話を聞いてみましょう。

組織内のさまざまな人の声を聞いてできあがったリーンキャンバスは、おそらく、まとまりがなくつぎはぎだらけに見えるでしょう。提供する「Solution（ソリューション）」が「Problem（課題）」と明らかに関連性がなかったり「Revenue Streams（収益の流れ）」で想定している対価を払ってくれるはずのユーザーが「Customer Segments（顧客セグメント）」とまったく違うユーザーであり、価値提供と収益が結びついていなかった

りといった状態です。

「クリエイターが価値のある機能だと思っていたものが、営業からすると価値がなかった」。または、「ユーザーの課題が解決されたかどうかの指標を誰も測っていなかった」などのすれ違いも可視化できます。

あなたがスラスラと書けた項目は、組織の中でのあなたのビジネスにおける立ち位置を示しています。うまく書けなかった部分は、これまで意識していなかったビジネスです。俯瞰して、矛盾したりズレたりしている項目があれば、ユーザーとビジネスモデルの接続がうまくいっていない可能性を示唆しています。

ユーザー価値を生み出しながらビジネスを成長させるためには、ビジネスとユーザー価値が密接に連携していなければいけません。

ユーザーへの視点をそろえ、そのユーザーへの価値を生み出し、そのユーザーから対価をいただくというユーザー中心なビジネスのサイクルを回していきましょう。ここで整理したサイクルにつじつまの合わない部分があるとしたら、それを見つけ改善していくのがユーザー中心に成長するビジネスモデルの構築につながります。

この章では現状と理想のビジネスの状態を把握することが目的です。これから説明する「6章 目的に向き合うチーム」や「7章 学習するサイクル」のなかで、これらのズレを意識しながら、チームでの共創のサイクルを回していきましょう。

推薦図書

「Lean UX――アジャイルなチームによるプロダクト開発」

Gothelf, Jeff、Seiden, Josh 著、坂田一倫 監修、児島 修 翻訳、オライリー・ジャパン（2017年）

ユーザー中心にサービスを構築する流れの中で、リーンキャンバスが詳しく紹介されています。詳細なプロセスを知りたい方はぜひ読んでみてください。

無駄なくビジネスを立ち上げるリーン・スタートアップの原則をもとに、ユーザー視点からユーザー体験（UX）を設計する方法や必要なマインドセットを解説しています。ビジネス・ユーザー・組織の関係性について詳しく解説し、それぞれのエキスパートがどうコラボレーションしビジネスやプロダクトをつくり出していけばよいかを理解できます。

小さくはじめてみよう!

そのモノの何に対価を払っているのかを考えてみよう

身の回りを見渡して、自分が対価を払っているプロダクトやサービスをひとつ写真に撮ってください。そのモノのどんな体験に対して対価を支払っているのか言語化してみましょう。

【回答例】(月額動画サービスのキャプチャを撮って)私は、「就寝前のリラックスした時間に最新のドラマを見てゆっくりする」という体験に対して対価を支払っている。

この章のあなたの学びをシェアしてみよう!#UOC

6
章

目的に向き合うチーム

役割別チームから目的別チームへ

組織は、少人数であれば一体となって動けても、人数が増えるとコミュニケーションにかかるコストが増大し、スピーディーな意思決定が難しくなります。ある程度の人数になったら、「チーム」に分ける必要が出てきます。

組織によって「部」であったり「プロジェクト」であったりさまざまですが、ここでは便宜上、組織の中で実務にあたる実行部隊は、すべて「チーム」と表現します。

チームの分け方は、職種別、担当する機能別、作業する工程別などいろいろあります。業務を中心とした組織では共創は生まれにくいと3章でも述べましたが、チームの分け方は業務別だけではありません。

本章では、共創を生むための「目的別チーム」について紹介します。チームで共創できれば、やがてその共創は組織にも広がっていくでしょう。

先ほども述べたように、同じ役割を持つエキスパートだけでは、その役割が大切に

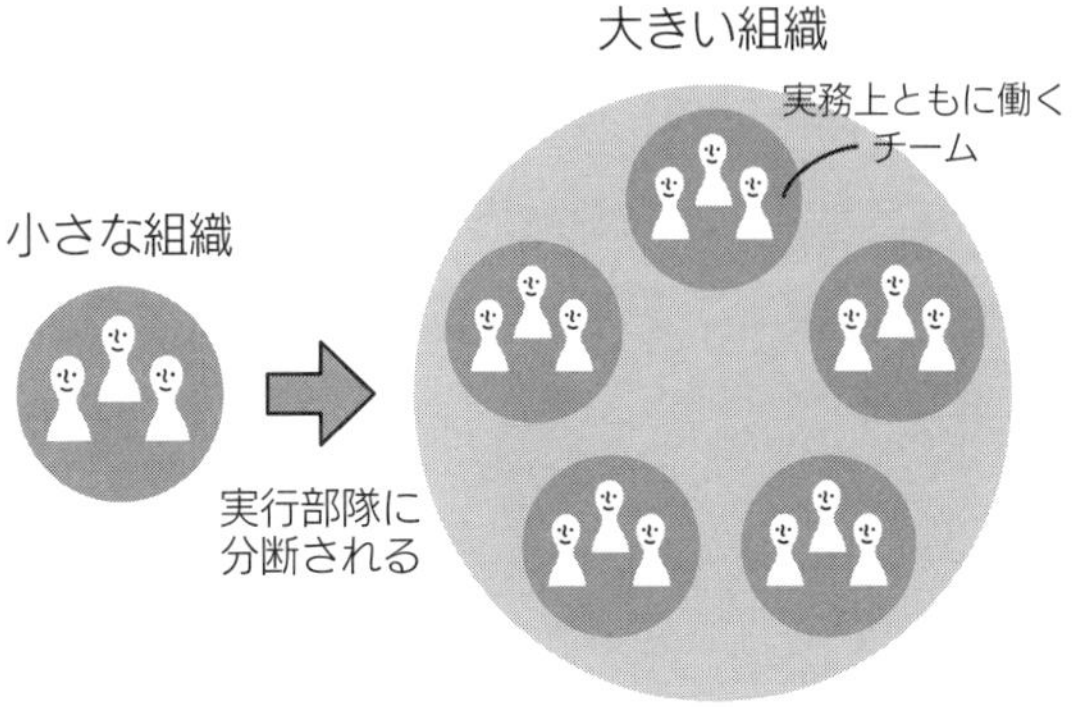

図：組織は大きくなればなるほど、いくつかの実行部隊＝チームに分割される

している考えしか採用されず、共創は生まれにくいです。チームで価値のあるモノづくりをするためには、さまざまな専門スキルを持つ多様なエキスパートの掛け算が必要です。多様性は、共創を生むチームに不可欠な要素です。

こうした多様なメンバーをひとつにまとめる方法が「目的別チーム」です。

決められた業務を役割ごとに分業するチームを「役割別チーム」とすれば、「目的別チーム」は、特定の目的のためにさまざまなエキスパートを集めたチームです。

かつてユーザーの選択肢が少なくニーズが限定されていた時代は、「どれだけ効率よく生産できるか」がモノづくりの重要なポイントでした。「企画→開発→試験→運用」と役割で生産工程を分解し、それぞれの工程にエキスパートを割り当てる「分業」によってモノづくりは効率化されていきました。

つくるべきモノが明確であれば、役割別チームは理にかなった体制です。役割別チームでは、エキスパートは、ひとつの業務に集中して能力を磨けました。しかし、つくるべきモノの正解が見えづらい現代では、新しいユーザー価値を生み出すための共創が不可欠です。エキスパートはそれぞれの職域に閉じこもってはいられません。

チームの共創は、個人の心がまえや努力によって実現するものではありません。再現性の高い共創を生み出すためには、多様なメンバーの視点をそろえる目的が必要です。そして、ユーザー中心な組織においてチームの目的となるのは、やはりユーザーです。

例えば、私の所属していた弁護士ドットコムのビジョンは、「専門家を身近にする」です。そのビジョンを逆算して「ユーザーが自分の悩みを適切に解決できる弁護士を選べる」「ユーザーが悩みを解決するコンテンツがそろっている」などといったいくつかの目的に分けます。そして、それぞれの目的を担うチームを構成しています。

目的別チームでは、さまざまなエキスパートたちが目的のもとで自身の役割にとらわれずに自律的に行動します。

役割別チームでは、本人は自分の職域以外に興味を持たず、周囲も肩書に遠慮して無意識に行動を制限してしまいます。「デザインチーム」のデザイナーは見た目や表層をつくることだけが自分の業務だと考えます。「カスタマーサポートチーム」は顧客の声に耳を傾けることが自分の使命だと思っています。デザイナーはユーザーの不満を直接聞かないし、カスタマーサポートはプロダクトやサービスのデザインに改善を求めません。

目的別チームではカスタマーサポートがプロダクトやサービスのデザインについて意見することもあれば、エンジニアがユーザーの声に直接耳を傾けることもあります。カスタマーサポートとデザイナーが一緒にユーザーの声を聞くことで、デザイナーだけでは発見できなかったプロダクトやサービスの改善点を見つけられるかもしれません。この目的を軸にしたエキスパート達の掛け算が共創の基礎となります。

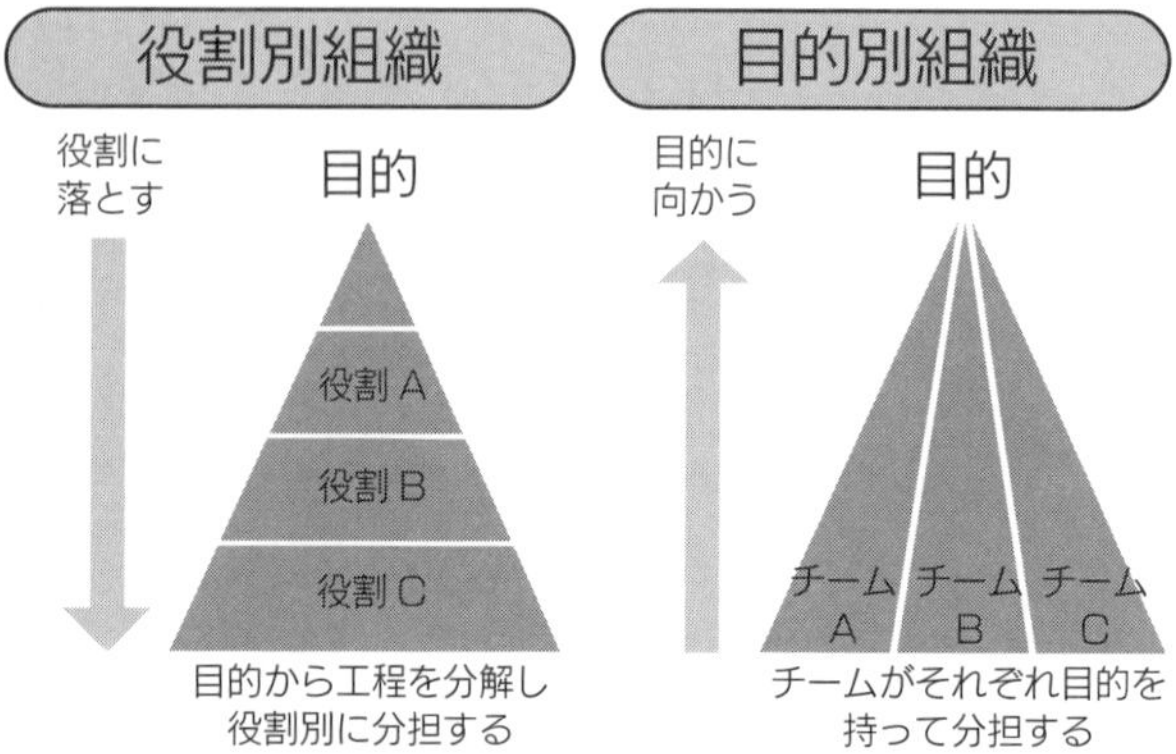

図：目的別組織は目的に向かって各役割が共創する

Q あなたの組織はどちらの組織ですか？

#UCO

図と一緒に自分の考えや体験をシェアしてみよう！➡

チームを束ねる目標

では、目的を達成するための手段である目標はどのように設定すればよいのでしょうか？

言うまでもなく、チームがひとつの方向に進むためには目標設定が重要です。よい目標設定はチームの行動規範となり、メンバーのモチベーションを引き出します。

目標はトップダウンで与えられてもうまくいきません。強制や懲罰、評価、報酬などの外から与えられる動機（外発的動機）では、職務の範囲やその動機に依存して成果をあげようとします。どんなに優秀なエキスパートが集まっても、職務を超えた共創は生まれません。

外からの強制や利益誘導ではなく、「自分はこうなりたい」「こんなユーザーを救いたい」など、**心から自然と沸き起こる内発的動機によって、人はモチベーション高く自律的に活動できます。**

内発的動機づけを含んだ目的を掲げるには、チームの目標を組織のビジョンから分解するのがお勧めです。なぜこの組織に所属したいと思ったのか、何を成し遂げたいと思ったのか、その先に**どんなユーザーを幸せにしたかったのかを思い出してください。**

ワクワクできる目標を掲げる

チームのメンバーが同じ方向に進むための目標は、具体的であるほどよいでしょう。ただし、従来の「売上」や「来客数」のような指標を最終的な目標にするべきではありません。ユーザー中心な組織にとっての指標は、サイクルが健全に回っているかを知る手がかりであって最終目的ではないからです（4章参照）。

では、具体的にはどのように目標を作成していけばよいのでしょうか？

さまざまな背景を持つメンバーが同じ視点を持って自律的に行動するためには、OKR（Objectives and Key Results）という手法が有効です。

OKRとは、チームの達成目標（Objectives）と主な成果（Key Results）をリンクさせて、組織とチームの視点をそろえる手法です。

達成目標は、組織の大きなビジョンを分解して、それぞれのチームに割り当てます。必ずしも具体的な数字である必要はありません。「チームは何を目指すのか？」という問いに対する答えが達成目標です。

OKRは多くの場合、まず、ビジョンを成し遂げるために「組織は何を目指すのか？」といった達成目標を掲げます（組織のOKR）。ビジョンとの大きな違いは、この数か月単位の期間に限定された現実的な目標を立てる点です。そして、各チームは、組織のOKRを分解したチームとしてのOKRを目標として担います（チームのOKR）。

OKRで重要なのは、チームがワクワクできる目標を言葉にできているかという点です。

設定するときは、そのモノづくりがなぜ必要なのか、そして、そのモノづくりのためになぜこのチームが必要なのかまで立ち返るのがポイントです。

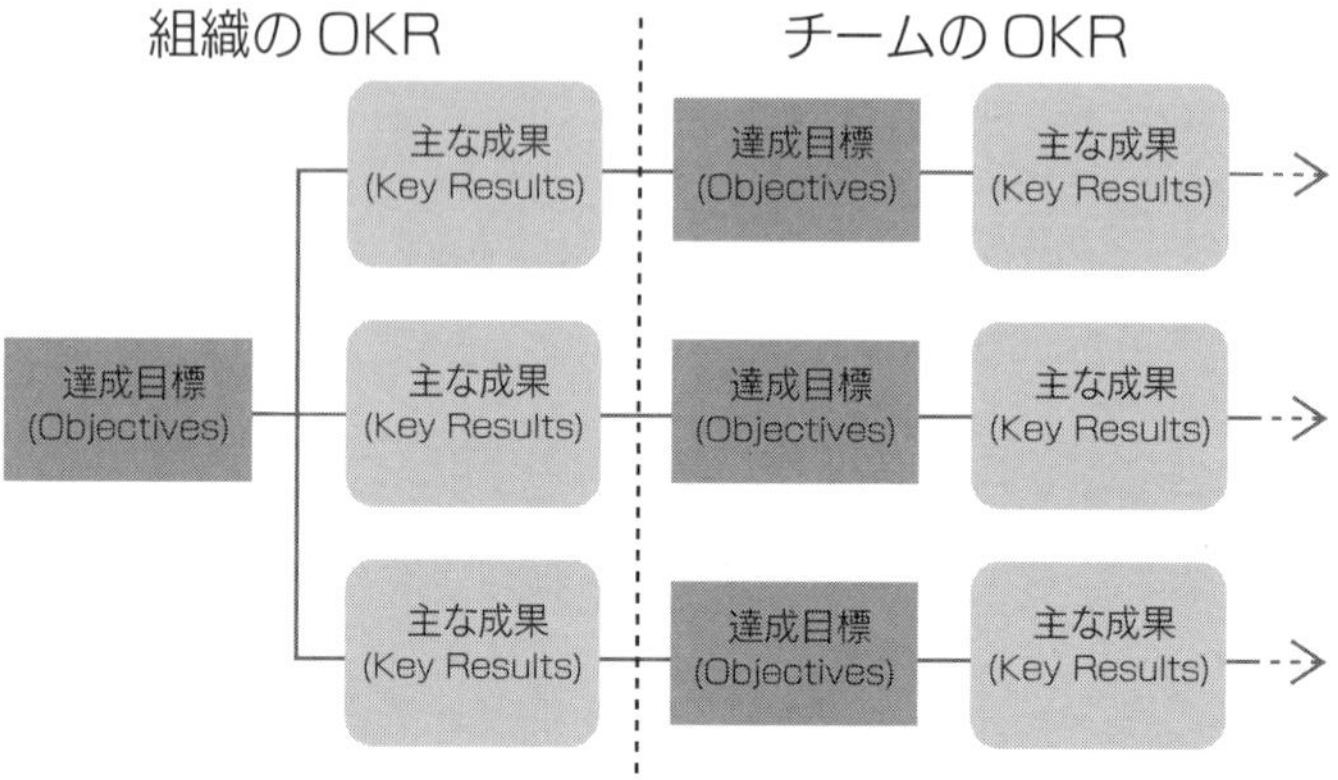

図：一般的な OKR の構造

主な成果（Key Results）は、目標が達成されたかどうかを測るための具体的な指標です。達成目標（Objectives）にマッチしていなければ柔軟に変更してください。

OKRは、組織で一貫したユーザー視点を持ちつつ、チーム単位ではユーザーを観察しながら柔軟に行動を変えて、一貫性のある視点を持ったまま自律性高く意思決定するしくみです。

あなたがチームの目標設定に関わる立場でなかったとしても、OKRにそって自身の目標を整理し直してみましょう。「自分が何を目指しているのか？」という問いに答えられるようにしておくことは、自身のモチベーションを向上させ、行動の質が高まるはずです。

推薦図書

「OKR（オーケーアール）」

Christina Wodtke 著、二木夢子 翻訳、及川卓也 監修、日経BP社（2018年）

OKRの設定方法について詳しく紹介した本です。会社のビジョンからチームの目標を逆算しつつ、どのようにOKRを具体的につくっていけばよいのか。また、OKRをどのように運用していけばよいのかを解説しています。目標設定の考え方は、共創を促進するためにも役立ちます。

マネージャーが目標管理の方法として使うだけでなく、チームやメンバーが目標をどうとらえ、どのように成長していくかの示唆も得られます。

小さくはじめてみよう！

あなたの仕事をワクワクする目標に言い換えてみよう

あなたがいま向き合っている業務やタスク、またはこれから向き合う業務やタスクは何ですか？それをあなたがモチベーション高く取り組める「ワクワクする目標」に言い換えるとどんな言葉になるでしょうか？

【回答例】4月までに本の原稿を書き上げなければいけない。私は「春から新しい仕事につく人々に役立つ知識を届けたい」ために執筆している。

この章のあなたの学びをシェアしてみよう！#UOC

7章

学習するサイクル

すばやく失敗し、すばやく学ぶ

さまざまな価値観がある中で新しいユーザー価値を生み出そうとするとき、**「考えてわかること」よりも「試してはじめてわかること」のほうが少なくありません。**

ユーザー視点で目標を定めて、さまざまなエキスパートが自律的に行動するチームをつくれたとしても、残念ながら多くの試行錯誤は失敗に終わります。大切なのは、失敗を失敗で終わらせるのではなく、失敗を学びに変える学習のサイクルです。

誰も登頂していない山の頂上には、さまざまな条件を考慮してルートを検討し、軌道修正しながら進まなければたどり着けません。これはチームも同じです。

現場でモノをつくるチーム全体でさまざまなルートを検討し、軌道修正を繰り返して、新しいユーザー価値に少しずつ近づいていくことができます。

参考になるのは、開発の現場でよく利用されている「プロトタイピング」という手法です。

プロトタイピングをごく簡単に説明すると、「検証可能な最小限のプロダクト（MVP：Minimum Viable Product）」ができたら、すぐユーザーに使ってもらい、目指す方向でなければ別のMVPを試すというサイクルです。作成コストを下げる、早い段階でユーザーからのフィードバックを得て方向転換できる、時間を無駄にしないなどのメリットがあると考えられます。

プロトタイプをつくるには、特別な技術は必要ありません。検証したいことが「このウェブサイトのメッセージが伝わるか」であれば、ホワイトボードに書いたウェブサイトの図を同僚に見てもらうだけでもかまいません。実際のモノづくりの前に、簡単な営業資料のパワーポイントを作成して取引先にフィードバックをもらうこともできます。

「こんなモノをリリースしたら実際に使いますか？」とユーザーに聞いてみるのも立派なプロトタイピングです。

図：こまめな軌道修正を繰り返しながら大きな目標に挑む

革新的な掃除機を次々と生み出したダイソンは、サイクロンクリーナーを発表するまで五〇〇〇台以上のプロトタイプを作成したとされています。プロトタイプの中には、段ボールでできた模型なども含まれていたようです。

プロトタイピングを何度も繰り返せば、多くの失敗が積み上がります。失敗から進むべきではない道が見つかり、仮説が正しいかどうかを徐々に知ることができます。失敗を後ろ向きにとらえるのではなく、組織の学びとして前向きにとらえましょう。

ただし、やみくもにプロトタイピングを繰り返せばよいわけではありません。目標を決めずにユーザーのフィードバックを取り入れていくと、あれもこれも全部入りな目的のぼやけたモノが生まれます。ユーザーはそれ自体に価値を感じるかどうかは教えてくれますが、何をつくれば価値が生まれるかは教えてくれません。

4章ではビジョンから大きな理想像を想像しましたが、いきなり完璧なモノを生み出そうと長い時間をかけると、失敗に気づいたときの手戻りも大きくなります。大きな理想に視点を合わせつつも、プロトタイピングを通して、理想に近づいているかどうかこまめに軌道修正しながら前に進みましょう。

学びのサイクルは共創で加速する

プロトタイピングによる学びのサイクルは、目的別チームでこそ真価を発揮すると私は考えています。

もちろん、役割別チームにおいても改善のサイクルは回っています。しかし、役割別チームでは、それぞれの工程で作業が完結してしまうため、後の工程にあたる役割のチームが気づいたフィードバックが前工程に届きづらくなります。

目的別チームは、お互いの強みや知見をコラボレーションしながら、役割を越境して改善のサイクルを回せます。

- カスタマーサポートが受け取るユーザーからの生の声をデザイナーに伝えて、表現文言をブラッシュアップする
- プロデューサーが計測しているKPIの進捗を見ながら、リアルタイムでエンジニアがウェブサイトを修正する
- デザイナーがつくったプロトタイプを見て、プロデューサーがよりよい企画のアイデアを思いつく

など、役割別のチームでは分断されがちなフィードバックをチームで共有できます。

目的別チームだからこそ、**さまざまな視点からモノづくりの改善のアイデアを掛け合わせることができます**。このアイデアの掛け合わせが共創につながります。

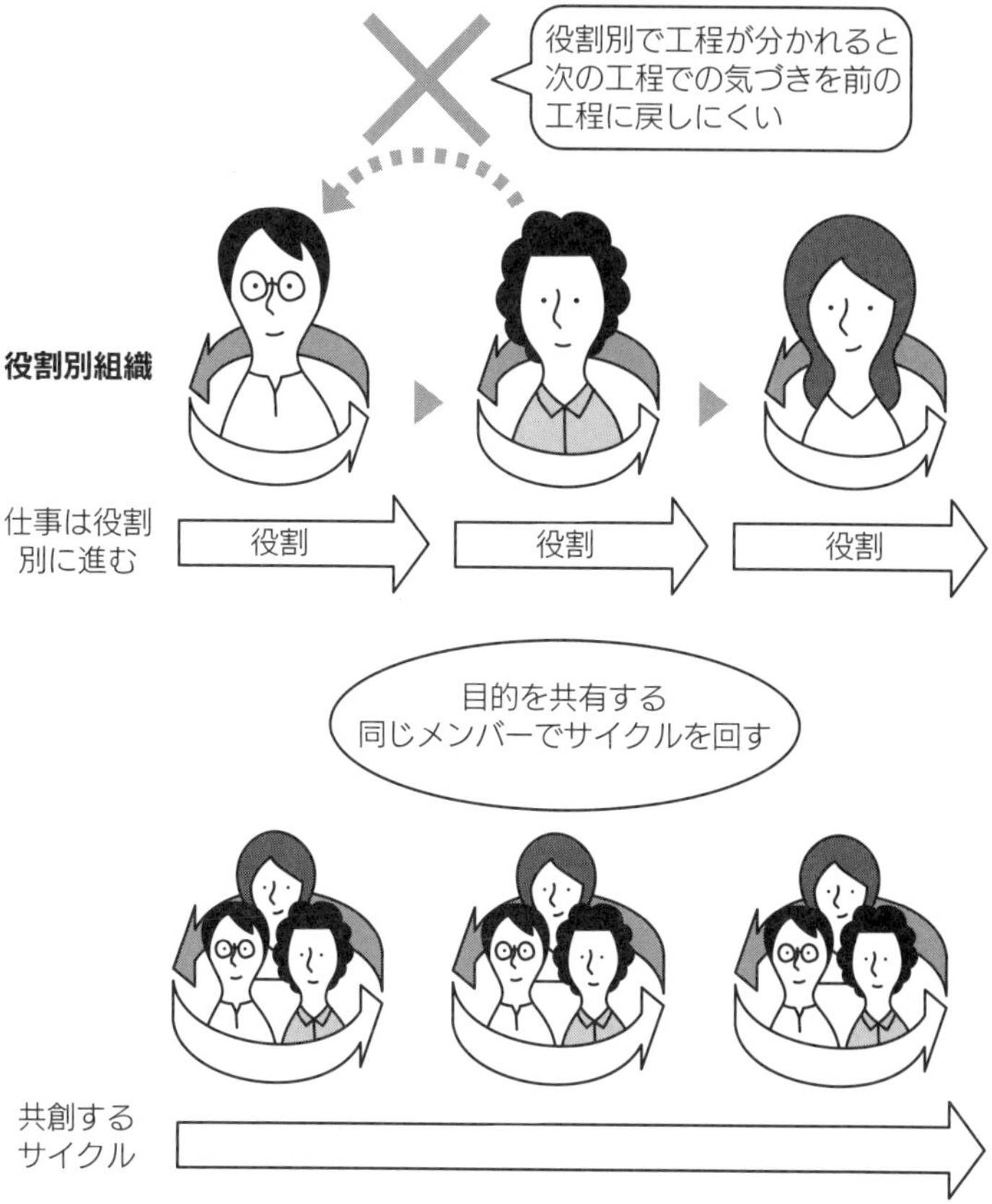

図：多様なメンバーで気づきを共有しながら改善していく

Q 違う役割のメンバーにフィードバックできていますか？

#UCO

図と一緒に自分の考えや
体験をシェアしてみよう！➡

デザインスプリントに学ぶ

目的別チームで小さなサイクルを回す具体的な方法として、「デザインスプリント」を紹介します。

デザインスプリントとは、プロトタイピングのサイクルを決まった時間で行うフレームワークです。ユーザー中心なプロトタイピングを実行する際に必要なプロセスがワンセットになっています。主にウェブのサービス開発の分野で、新しいサービスを市場に公開する際のリスクを減らす目的で活用されています。

デザインスプリントにはいくつかの考え方がありますが、ここで紹介するのはアメリカのデザインファームIDEO/Stanford d.schoolなどの研究をもとに、GV（旧Google Ventures）が発表したフレームワークです。

デザインスプリントの定義によると、プロトタイピングは5つの大きな項目に分解されます。

5日間のスプリント

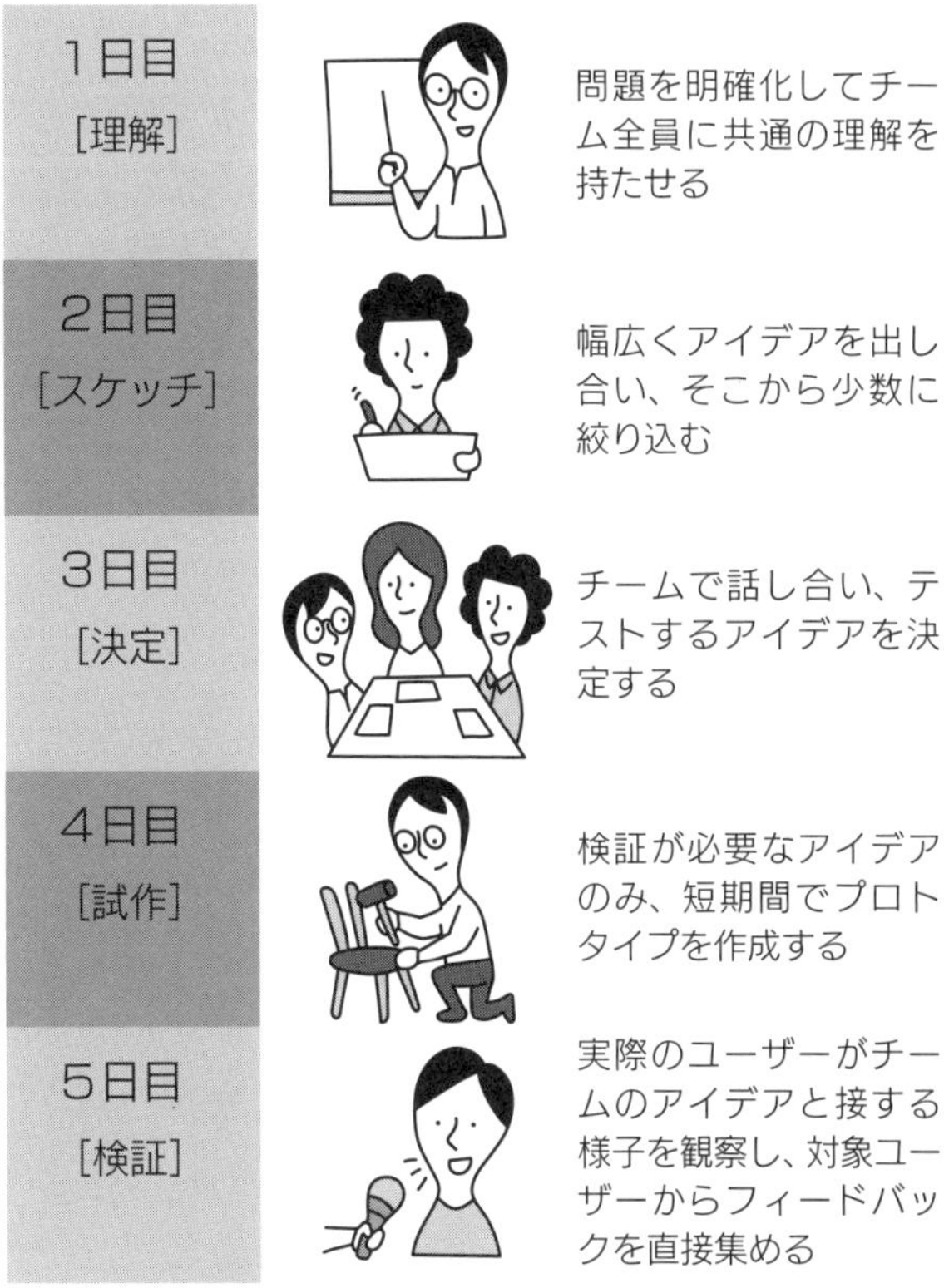
1日目
［理解］
問題を明確化してチーム全員に共通の理解を持たせる
2日目
［スケッチ］
幅広くアイデアを出し合い、そこから少数に絞り込む
3日目
［決定］
チームで話し合い、テストするアイデアを決定する
4日目
［試作］
検証が必要なアイデアのみ、短期間でプロトタイプを作成する
5日目
［検証］
実際のユーザーがチームのアイデアと接する様子を観察し、対象ユーザーからフィードバックを直接集める

図：時間を区切ってプロトタイプのサイクルを回す

- **【理解】問題を明確化してチーム全員で共通の理解を持つ**
- **【スケッチ】幅広くアイデアを出し合い、いくつかのグループに分類する**
- **【決定】チームで話し合い、テストするアイデアを決定する**
- **【試作】検証が必要なアイデアのみ、短期間でプロトタイプを作成する**
- **【検証】実際のユーザーがプロトタイプを利用する様子を観察し、対象ユーザーからフィードバックを直接集める**

デザインスプリントでは、あえて時間を限定してすばやく失敗と学びのサイクルを回します。考えすぎによるサイクルの停滞を防ぐためです。後述のように、5日間のステップで新たなモノづくりを行います。

デザインスプリントには、部署や役割を超えてメンバーを集めます。5日間途切れなく行うことで、共通認識を深めながら集中してプロトタイプを作成します。これにより、主要なプレイヤーの視点をユーザー中心にそろえることができます。

以下で紹介するのはデザインスプリントの簡単な概要です。実際の詳細なプロセスを知りたい方は章末の推薦図書「SPRINT 最速仕事術――あらゆる仕事がうまくいく最も合理的な方法」を手にとってみてください。

1日目　理解

1日目は目標を固めます。「われわれはなぜこのプロジェクトをやるのか?」という質問からはじめて、チームメンバーの「理解」をそろえて理想のゴールを決めます。まず全員の持っている前提知識や目指す目的地がそろわなければ、これからの5日間で共創は生まれません。

それぞれのエキスパートが持つ情報を共有し合うことで、視点をそろえていきます。例えば、事業責任者は「何を目的にこの事業を立ち上げたのか」、エンジニアは「これから立ち向かう業界を取り巻く技術的なトレンド」、セールスは「顧客の実態」など、それぞれが持つ情報を開示したうえで、改めて「われわれはなぜこのプロジェクトをやるのか?」という問いに答えます。このようにメンバーの共通の理解を設定し、目標を定めます。

2日目　スケッチ

2日目はゴールの条件を満たすソリューションを考えて思考を発散します。メンバーのアイデアを組み合わせ、手書きの「スケッチ」で具体化します。この日のスケッチがプロトタイプの原型になります。プロダクトやサービスのキャッチーなコンセプトや、いくつかの重要な要素をラフにまとめます。ウェブサイトであればページのスケッチを、プロダクトならその形を紙に書き出し、説明を加えます。

紙に書くだけならば、誰もがアイデアを形にできます。どんなに下手なスケッチであっても、口頭で説明できればよいので勇気を持ってたくさんアイデアを出してみましょう。

さまざまなエキスパート同士が目に見える形でアイデアを発散し合うことで、いままで思いつかなかったアイデアが生まれます。

3日目　決定

3日目は前日にできた多くのスケッチの中から、ひとつのスケッチを選びます。選ばれたスケッチは絵コンテにします。ユーザーが実際にどう悩み、そのプロダクトやサービスをどう使ってどう解決するかを、ストーリー形式の絵コンテ（ストーリーボード）にして、ユーザー体験を具体化します。

内容を具体化する中ではさまざまな矛盾と向き合います。さまざまなエキスパートの観点からスケッチを具体化していくことで、そもそもプロダクトやサービスを利用するユーザーが存在しなかったり、コスト面で実現可能性が低かったり、現在の技術では不可能だったりすることに気づくでしょう。

そのような矛盾に向き合いながら、最終的にどのスケッチを試作するのか「決定」していきましょう。

4日目　試作

4日目は、ストーリーボードを実際のプロトタイプとして見て取れる形に「試作」する日です。実際にユーザーに触ってもらう具体的なモノをつくります。紙やペンで紙芝居のような簡易なプロトタイプを形づくり、ユーザーにどのように利用してもらい、どのようにフィードバックをもらうのかを詰めていきます。

企業向けのプロダクトであればパワーポイントなどで提案資料やセールスシートを作成してみましょう。一般消費者向けのウェブサイトであれば利用手順やマニュアルを紙芝居形式で作成するとよいでしょう。できあがった試作品を用いてどのようなインタビューを行うのか質問項目も同時に作成していきましょう。

5日目 検証

5日目は「検証」です。ユーザーに直接プロトタイプを利用してもらったり、説明したりしながら感想をインタビューします。チーム全員でインタビューを観察し、気づきを共有・分析して、次のモノづくりをどうすべきか決めます。

ユーザーに試作品を見たり触ったりしてもらって得た気づきを全員でメモしていきましょう。最後に、メモをまとめてユーザーのインサイトをとらえることができたか、プロダクトやサービスをどう改善・変化させていくべきか確認しましょう。

ここで紹介したデザインスプリントは理想的なプロセスのひとつではありますが、実際には多くの関係者を集めたり、5日の連続した時間を確保したりすることが難しい場合もあるでしょう。そんなときでも、まずは一度プロトタイピングのサイクルを回してみましょう。関係者全員を集めるのが難しければ、少ない人数で試してみましょう。時間が足りなければ、工程のいくつかはスキップしましょう。5日間連続で時間を確保することが難しければ、時間を分けてでもやってみましょう。

まずは、デザインスプリントを通してプロトタイピングに必要な構成要素を知ることが大切です。**特にプロトタイピングは、「試作」に目が行きがちです。「理解」「スケッチ」「決定」「試作」「検証」のプロセスがサイクルに組み込まれているか注意しましょう。**

学びのサイクルを続けるコツ

プロトタイピングのサイクルは、一度回して終わりにしてはいけません。学びを蓄積して成長するために、サイクルを回し続けられるようにしましょう。

サイクルが一回で終わってしまうのは、多くの場合習慣化のしくみをつくれていないないことが原因です。習慣化するには以下2点を意識してみましょう。

- 続けるのが容易であること
- 成長を見つけてモチベーションにつなげること

ひとつは、**続けるのが容易であることです**。

プロトタイピングのサイクルを最初から完璧に続けるのは困難です。小さく簡単なところからプロトタイピングのプロセスを導入していきましょう。まずは各週、各月でもかまいません。デザインスプリントで紹介した「検証」のプロセスだけでも導入してみましょう。

ユーザーに試作品を実際に触ってもらって気づきをメモし、チームでまとめてみましょう。ユーザーのフィードバックが得られなくても、自分たちで試作品をユーザー視点から見つめ、気づきを共有・分析し、軌道修正してみましょう。

もうひとつは、**成長を見つけてモチベーションにつなげることです**。

「検証」すると、悪い部分ばかりに目がいきがちです。特にモノづくりの初期であるほど辛辣な意見が出たり、至らない点ばかりがフォーカスされたりします。毎週プロダクトやサービスの悪い点ばかりを見つめていると気も滅入ってしまいます。

そんなときほど意識的に「よくなった部分」を発見してメモしていきましょう。プロトタイピングのプロセスを回している限り、どんな形でも前に進む学びが見つかっているはずです。

「以前よりも、この部分でつまづくユーザーが少なくなった」「この一部に限っては仮説は正しかった」など、意識的によかった部分を見つけ出すことで、少しずつモノづくりが前に進んでいることを実感できます。

この2つのポイントを手軽に実践できるのが「KPT」と呼ばれる手法です。

次、またその次のアクションへ

KPTとは、業務内容を「Keep（成果が出たからこれからも継続する）」「Problem（問題があったから改善する）」「Try（新しく取り組む）」の順に検討し、今後のアクションを決めるフレームワークです。

Keep、Problemの順にメンバーが気づいたこと、学んだことを全員が発表していきます。そしてたくさんのKeep、Problemを見つめながら、チームが次に取り組むべきTryを決めていきます。KPTは主にチームの状態を振り返るフレームワークですが、モノづくりを対象にすると簡単な検証のプロセスを実現できます。

「Keep（成果が出たからこれからも継続する）」をはじめに洗い出すことで、継続のモチベーションを維持できます。また「Problem（問題があったから改善する）」も「Try（新しく取り組む）」に変換できれば前向きな学びになります。

プロトタイピングのサイクルに終わりはありません、大切なのは続けることです。

サイクルを回し続けることで、自身のサイクルも洗練されていきます。守破離について説明したように、最初はデザインスプリントを試すなどプロトタイピングの知識を得ることからはじめ、簡易な形で継続し続けることで自然と自分たちの型が生まれていくでしょう。

学習するサイクルを回し続けることで学びを増やしてモノづくりを成長させ続けて

いきましょう。少しずつ大きな目的に近づいていきましょう。

推薦図書

「SPRINT 最速仕事術――あらゆる仕事がうまくいく最も合理的な方法」

Jake Knapp、John Zeratsky、Braden Kowitz 著、櫻井祐子 翻訳、ダイヤモンド社（2017年）

Google式デザインスプリントについて、より詳しく知りたい人はこの本を読んでみてください。本書では紹介しきれなかった具体的なプロトタイピングの方法を実践できます。

この本の中では「1週間で『数ヶ月×巨額のコスト』の仕事をする」とあります。仕事の進め方を考え直すきっかけを与えてくれるでしょう。新しい価値を生み出すうえで、実践し学習することの重要性を学べます。

小さくはじめてみよう！

モノを利用するシーンを観察して改善点を見つけてみよう

身の回りを見渡して、普段自分がよく使っているモノをひとつ写真に撮ってみてください。自分が普段そのモノを利用するシーンを思い浮かべながら、「ここを改善するともっとよくなるのでは？」という仮説を言語化してみましょう。

【回答例】（シャープペンシルの写真を撮って）

普段シャープペンシルで文字を書くとき、芯が減ってくると何気なくノックして芯を押し出すが、ノックする手間がなければよりストレスなく書き続けられるのでは？

この章のあなたの学びを
シェアしてみよう！#UOC

8章

カルチャーを築く

よいカルチャーは共創の起点

経営学者のピーター・ドラッカーは、次のように言いました。

〝Culture eats strategy for breakfast〟（文化は戦略を簡単に打ち負かす）

組織カルチャーの大切さを表した言葉です。すばらしいメンバーがチームを構成し、すばらしいモノづくりの力を持つ組織も、悪いカルチャーが根付けば崩壊に向かいます。自律的に行動するときの判断基準や曲げてはいけない信念など、日々の小さな行動を決定づける要素はすべてカルチャーといえるでしょう。

よいカルチャーはメンバーの自律性を育み、競争力を向上させます。ユーザー中心なモノづくりでは、エキスパート自らの意思で行動する共創が欠かせません。安心して自分の意見を発言できないカルチャーでは、共創は生まれません。

組織のグッドサイクル

カルチャーそのものはさまざまなので個別の良し悪しを判断することはできません。それが組織によい影響を与えているかどうかは、これから解説する組織のサイクルから推測できます。マサチューセッツ工科大学のダニエル・キム教授が提唱したこのサイクルは「組織の成功循環モデル」と呼ばれています。

ダニエル・キム教授は、組織のサイクルを「関係性の質」を高めることからはじめれば、組織は「グッドサイクル」を描くとしています。

1．お互いに尊敬し合い、心理的安全が高い状態になる（関係性の質）
2．関係性の質が高いので、多様なメンバーから自由な発想が生まれる（思考の質）
3．メンバーは自律的に行動する（行動の質）

4. その結果、成果が得られる（結果の質）
5. （1に戻る）成果が生まれれば信頼関係が高まる（関係性の質がさらに高まる）

反対に、関係性の質を後回しにして成果に固執すると、組織は「バッドサイクル」に陥るとされています。次のようなサイクルです。

1. 成果が出ていないので成果を強要され、急かされる（結果の質）
2. メンバーは対立し、押し付け合う関係性が生まれる（関係性の質）
3. 関係性の質が悪化するとそれぞれのメンバーの思考は萎縮し、自律的な発想が生まれず受動的になる（思考の質・行動の質）
4. （1に戻る）その結果、成果はあがらない

関係性の質は、共創のプロセスのはじまりです。

よい関係性を築くには、誤解のないコミュニケーションが不可欠です。視点をそろえたモノづくりのために、まずはコミュニケーションの土台を整えていきましょう。

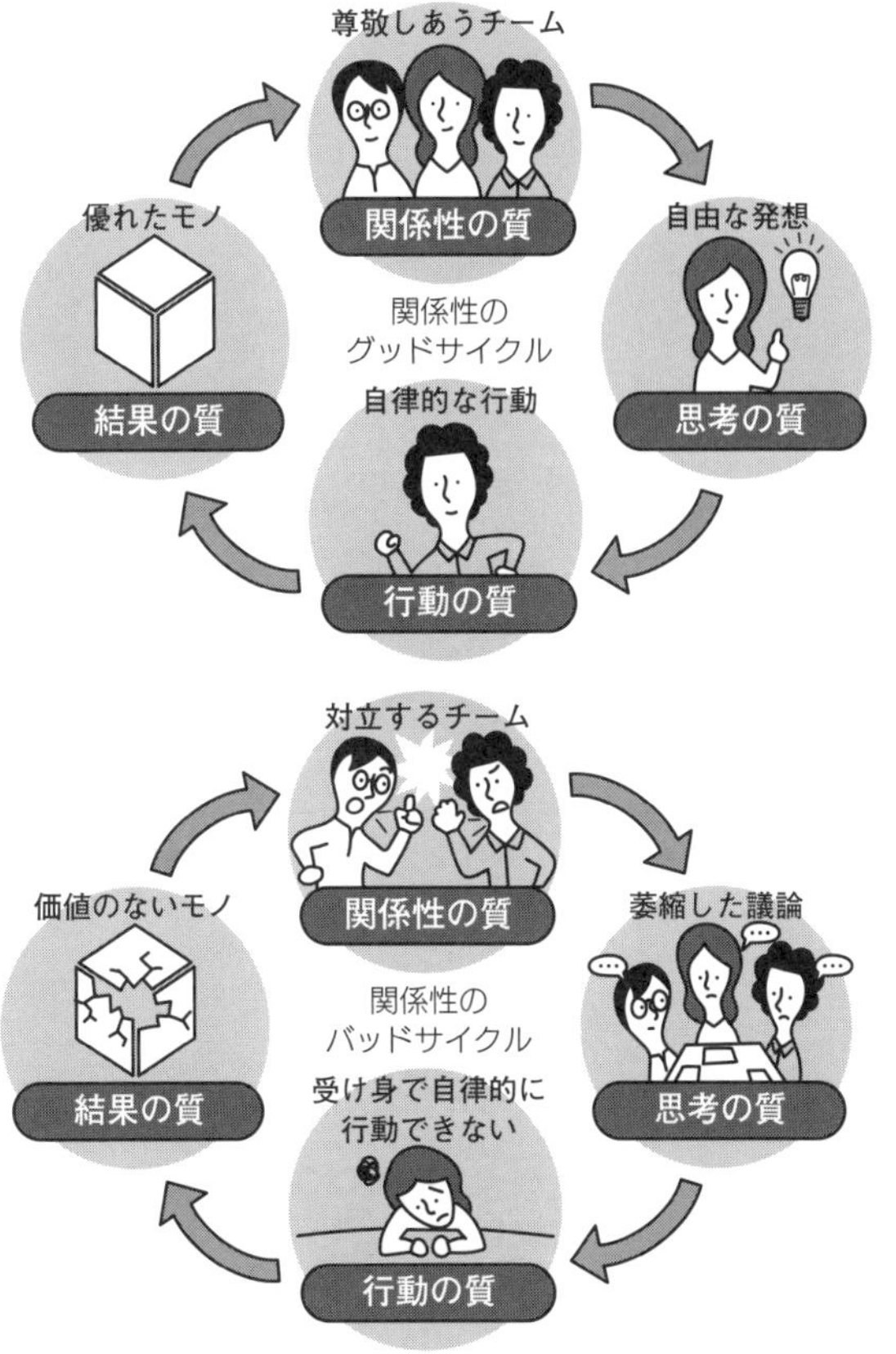

図：優れた関係性は優れたモノを生み出し、悪い関係性からは新しい価値は生まれない
（https://thesystemsthinker.com/what-is-your-organizations-core-theory-of-success/ を参考に作成）

Q あなたの周囲は、グッドサイクルが回っていますか？

#UCO

図と一緒に自分の考えや体験をシェアしてみよう！➡

「言葉」をそろえる

自分では当たり前だと思って使っていた言葉の意味を、チームメンバーがまったく同じ意味で認識しているとは限りません。

「言葉」は、チームの視点をそろえるための土台となる最小単位のツールです。

コミュニケーションミスの中には、それぞれの考える言葉の意味のズレが原因となっていることがあります。

例えば、「ユーザー」という言葉ひとつとっても、「使う人すべて」という意味で使っている人もいれば、「お金を払ってくれる人」ととらえている人もいたり、あるいは「世界中の人々」ととらえている人もいるかもしれません。

チーム内のコミュニケーションで頻出する言葉が、メンバー全員に同じ意味で認識されているか、丁寧に確認していきましょう。

隣人へのリスペクト

関係性のグッドサイクルの起点は、まず隣人との関係性の質を高めるところからはじまります。関係性の質を高める一番の要素はリスペクト（尊敬）です。あなたの組織がバッドサイクルに陥っているのであれば、ともに働く隣人へのリスペクトを示すことからはじめましょう。

リスペクトは共創の第一歩です。「リスペクトがリスペクトを生むカルチャー」がユーザー中心な組織を支えます。

関係性の質は、お互いをリスペクトできるほど高まります。

まず、あなたが相手をリスペクトする姿勢を示して、グッドサイクルの起点になり

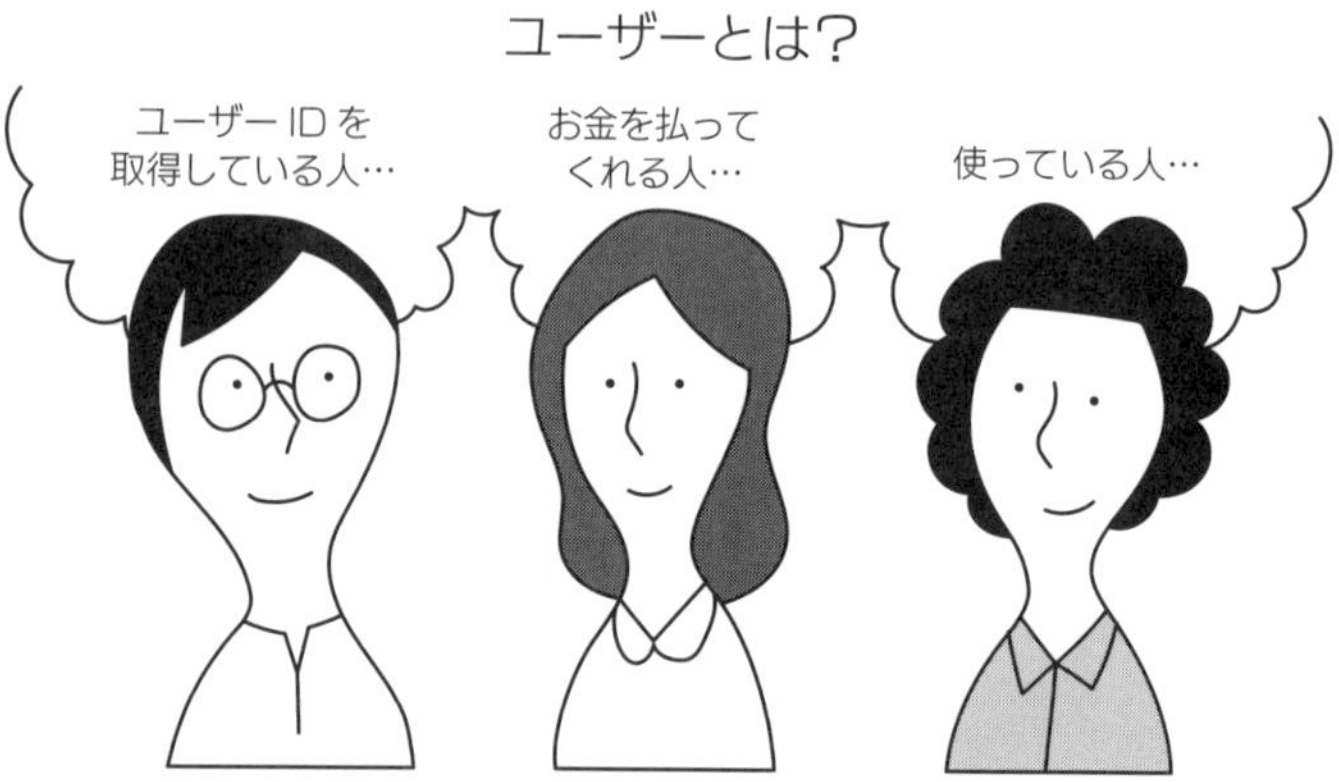
ユーザーとは？
ユーザーIDを取得している人…
お金を払ってくれる人…
使っている人…

図：言葉が合わないと視点もそろわない

ます。ただし、うわべだけのリスペクトは逆効果です。

すぐにリスペクトできる要素が見つからないときもあるでしょう。そのような場合は相手のことをよく知ることからはじめ、リスペクトできる部分を見つけ出す必要があります。

しかし、さまざまな背景を持つメンバーが集まってひとつのモノづくりを進める場合、生まれ育った文化、学んできた分野、大事にしたい価値観が異なるので、そのままではお互いを理解し尊敬するのは難しいでしょう。

異なるバックボーンを持つメンバーを理解するのは、ユーザーへの共感と似ています。ユーザーに共感するための手法として、2章で「共感マップ」を紹介しました。隣人を理

なぜ仕事をしているの？
どんなことを学んできたの？
大事にしていることは？
理解されると理解したくなる

図：隣人へのユーザーインタビュー

解するために共感マップを書く必要はありませんが、要素を書き出して整理する方法はそのまま流用できます。

ユーザーと同じように、**メンバーに対しても暗黙のバイアスに支配されていたり、ある一面からしか見ていないということはよくあります。**メンバーに対しても、無知であるという前提に立って相手をさまざまな角度から理解していきましょう。相手の発する言葉から、自分の立場で相手の考えを想像してしまっているかもしれません。相手の立場に立って客観的に共感する姿勢が、相手への自然なリスペクトを生み出します。

まだ見ぬ未知のユーザーと異なり、これ

から共創をはじめるメンバーはあなたがすぐ話しかけられる位置にいます。ほんの少し勇気を出してインタビューしてみましょう。

組織の関係性の質を測る

そもそも完璧な組織はありません。歴史ある大きな組織ほど、多かれ少なかれ何らかの機能不全に陥っています。関係性のグッドサイクルを回すためにも、現在の組織が健全に機能しているかを把握しましょう。

もし組織の関係性の質の悪化が深刻であれば、ビジョンやビジネスよりも先に、カルチャーの改善に注力する必要があります。

パトリック・レンシオーニ氏の著書「あなたのチームは、機能してますか？」によると、組織は次の順番で機能不全に陥っていくとされています。

1. お互いの信頼を失う
2. 衝突を恐れる
3. 責任感を持たなくなる
4. 説明責任を回避する行動をとる
5. 結果への関心がなくなる

これは共創へのステップの逆です。衝突を恐れる段階（2）では、すでに思考や行動の質が下がってしまい共創にはほど遠いでしょう。結果への関心がなくなっている状態（5）では、いくらユーザーに価値を届けようと働きかけても、すでにユーザーの喜ぶ姿を気にかける人はおらず、組織には届かないでしょう。

機能不全の段階は、組織全体で異なる場合もあります。特に大きな組織では、一部の集団ではグッドサイクルが回っていても、別の集団はバッドサイクルに陥っていることがよくあります。

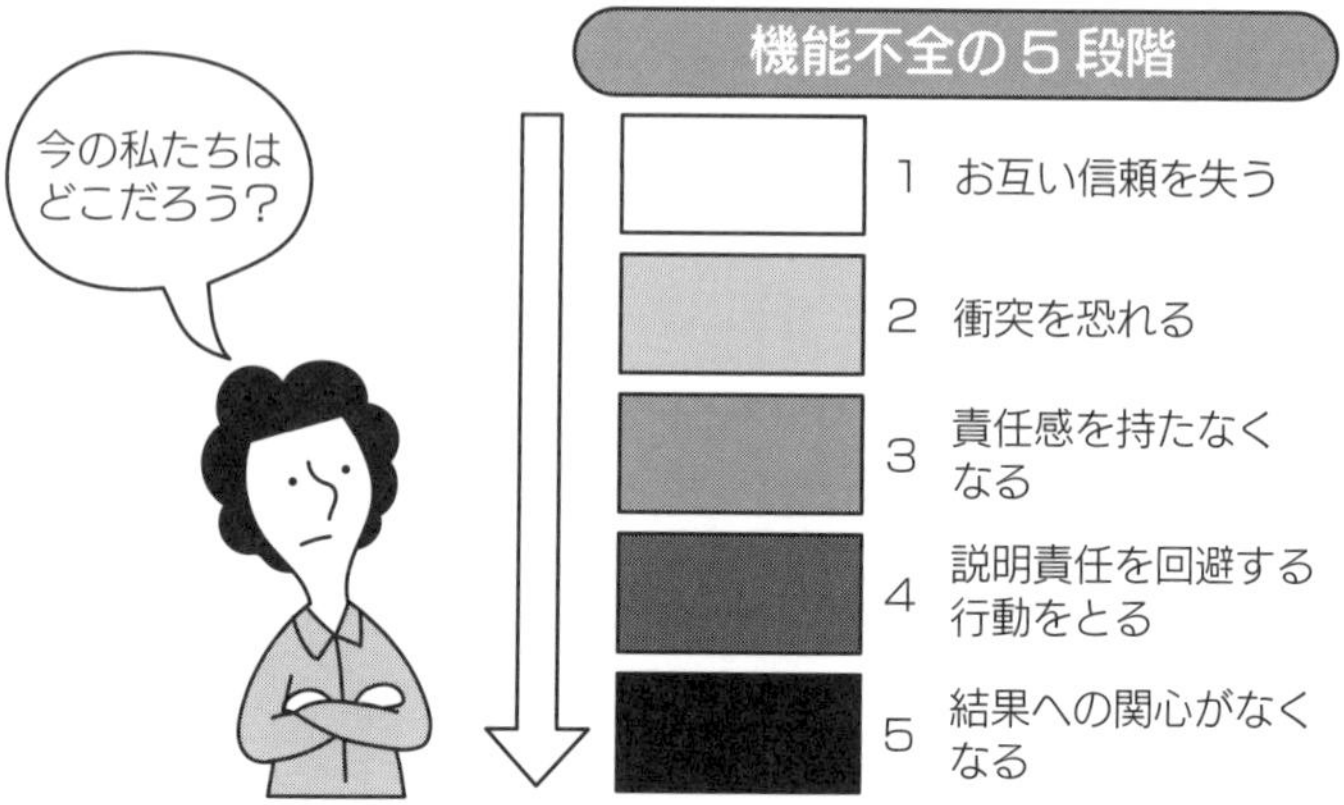

図：あなたの組織は機能不全に陥っていませんか？
（「あなたのチームは、機能してますか？」パトリック・レンシオーニ著、翔泳社（2003年）をもとに作成）

Q あなたの組織はどの段階でしょうか？

#UCO

図と一緒に自分の考えや
体験をシェアしてみよう！➡

グッドサイクルを組織へ

組織全体の関係性の質は、一対一の人間の関係性の集合体です。

あなたの近くでグッドサイクルが回っていても、組織の中で広がりを見せないようであれば、一人ひとりのコミュニケーションのつながりを意識して、整理し直したほうがよいかもしれません。

具体的には、リスペクトし合う関係性が組織のどこかで途切れていないかを確認してみましょう。相性が悪く、途切れた部分の関係性の改善がすぐには難しいようであれば、それまでつながりがなかったメンバーを接続させてみましょう。**例えばチーム以外の趣味や勉強会など、業務以外のコミュニケーションでグッドサイクルの連鎖をつなげられないか検討してみるのもひとつです。**

共創は多くのメンバーを巻き込んでこそ大きな力を発揮します。

熱量の伝導率が低いと
改善が行き届かない
熱量を最大化するように
コミュニケーションのパスをつなぐ

図：組織は一様ではなく温度差がある

推薦図書

「Team Geek ──Googleのギークたちはいかにしてチームをつくるのか」
Brian W. Fitzpatrick、Ben Collins-Sussman 著、及川 卓也 解説、角 征典 翻訳、オライリージャパン（2013年）

プロダクトの開発プロセスを、人間の心や特性に目を向けて解説した本です。エンジニアの事例を中心にまとめられた本ですが、他の職種の方も十分に役立つエッセンスが込められています。

「あらゆる人間関係の衝突は、謙虚（Humility）、尊敬（Respect）、信頼（Trust）の欠如による」など、組織の関係性の質を語るうえで本質的な部分を学べます。

「ユーザーも開発者も人間である」というシンプルな考えに基づいた本書は、ユーザー中心な組織を構築するマインドセットを知るうえでも非常に参考になるでしょう。

小さくはじめてみよう！

よく聞く言葉のズレを見つけてみよう

自分や自分の周囲で普段よく聞く言葉をひとつ挙げてみましょう。「自分にとってその言葉がどんな意味を持つのか。周囲と意味がズレるとしたらどんなズレがあり得るのか？」を言語化してみましょう。

【回答例】「多数決」という言葉について、私は「過半数の賛成をもって決定する」という意味で利用していたが、「最も多い意見をもって決定する（過半数は必要ない）」と捉えている人もいるかもしれない。

この章のあなたの学びをシェアしてみよう！#UOC

9章

小さく行動をはじめる

5つの側面から「気づき」を得る

ここまで、ビジョン、ビジネス、チーム、サイクル、カルチャーという5つの側面からユーザー中心な組織の考え方を紹介してきました。ここからあなたは共創へ向けて行動をはじめなければいけません。どうやって自分がするべき行動を見つけていけばよいのでしょうか？

OODAループを思い出してください。行動を起こす前にまず観察からはじめましょう。漫然と観察するのではなく、5つの側面から組織をよく見渡すことです。

突然、「家からオフィスまでの道のりに赤い花は咲いていましたか？」と質問されたら、あなたは答えられるでしょうか。おそらく、答えられないのではないでしょうか。

しかし、あらかじめ「家からオフィスまでの道のりで赤い花を見つけてください」と伝えられていれば、意識して探すでしょう。

人は多くのものごとを無意識に見て生活しています。「意識して見る」ことで「気づき」が生まれます。

「気づき」があなたの行動をはじめるための最初の起点になります。

- ビジョンは具体化されているでしょうか？
- ビジネスモデルは正しく構築できているでしょうか？
- チームは同じ目標に向かっているでしょうか？
- 改善のサイクルは回っているでしょうか？
- 関係性のグッドサイクルが浸透しているでしょうか？

そして、それぞれの側面を理解するための手段として、プロトペルソナ、リーンキャンバス、OKR、デザインスプリント、関係性のグッドサイクルなどのフレームワークを紹介しました。まずはじめはこれらを利用して、周囲を取り巻く状況を分析してみましょう。漫然と見るのではなく、さまざまな型をつかってさまざまな角度

図：漫然と見ているとただの「風景」だが、「気づく」とその輪郭が浮かび上がる

から組織を分析してみることで「気づき」を得ましょう。これがファースト・ステップです。

気づきはさまざまです。例えば、リーンキャンバスにおいて、ユーザーがどこから来るのかを示す「チャネル」という項目がありました。チャネルはリーンキャンバス上で隣り合う「顧客セグメント」と深い関連性があります。リーンキャンバスを埋めた結果、集客担当者が想定するユーザー像と、クリエイターが想定するユーザー像が一致していない場合、この2人がうまく連携できていないことに気づけます。

組織に寄り添う

ここからは、「気づき」から行動に移すまでに知っておいてほしいポイントについて述べていきます。紹介するのは、普段の仕事をする中で少しだけ意識してユーザー中心に行動を変えることで、少しずつ組織を変えていこうとする取り組みです。

「既存の組織の流れに逆らってでも強引に組織を変えたい、コストをかけても改革を

流れに逆らうのではなく寄り添って変えていく

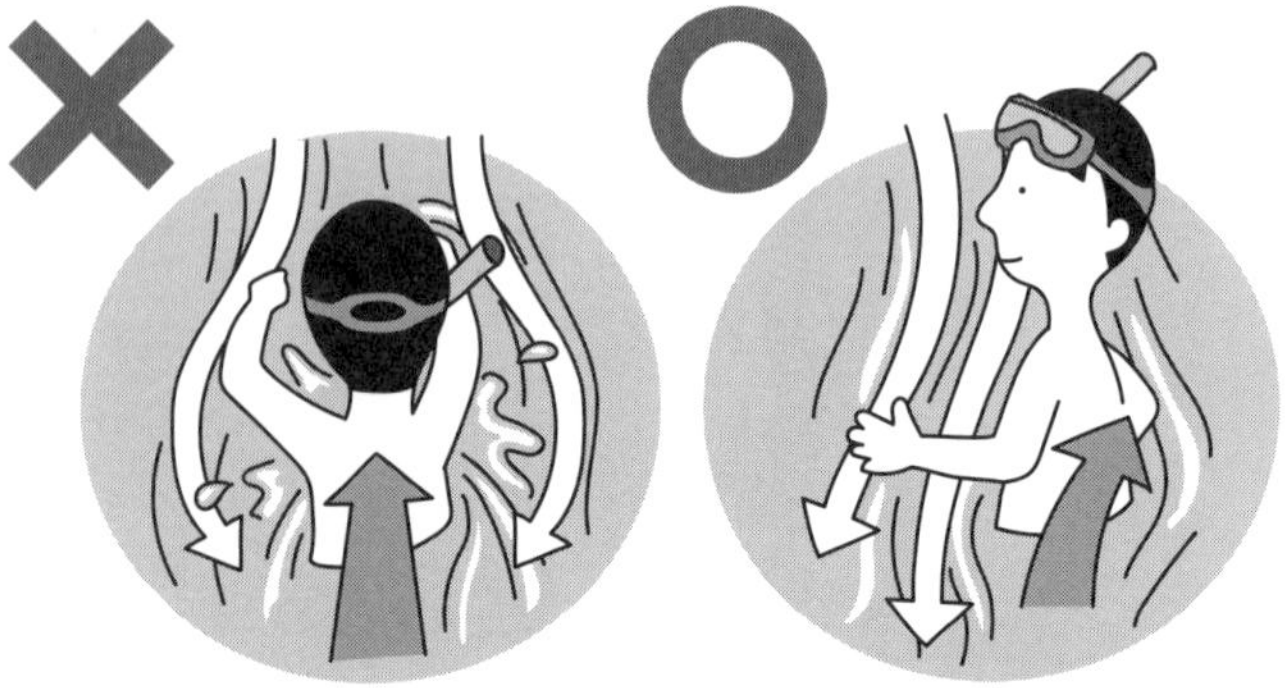

図：川に投げ入れた小石のように組織を変える

起こしたい」と考えているのであれば、これから伝える内容は参考にならないかもしれません。

劇的な組織変革は、新たな組織のトップや改革を託されたコンサルタントなどの仕事です。彼らは、よくも悪くも川の流れを一気に変えようとします。

大きな流れに逆らわず、川に小石を少しずつ投げ入れるようにして、普段の仕事の中で少しずつ組織の流れを変えていきましょう。

組織の成長のフェーズに合わせる

組織のフェーズによって、あなたがとるべき行動は変化します。組織のフェーズとは、よいモノづくりができるようになる成長の道筋です。現在組織がどのフェーズにあるかによって、組織の課題に対するアプローチは変わります。

組織づくりの有名な理論として、心理学者であるタックマン氏は「タックマンモデル」を提唱しています。タックマンモデルは、組織の成長フェーズを「形成期」「混乱期」「統一期」「機能期」の4段階で説明しています（http://athena.ecs.csus.edu/~buckley/CSc190/GROUP%20DEV%20ARTICLE.pdf）。

共創までのフェーズにもこのモデルがあてはまります。組織の状態をよく観察して、現在の組織がどのフェーズにあるのかを想定してみてください。

【形成期】

形成期はメンバーが集ったばかりの状態です。お互いをよく知らず探り合っている状態で、お互いに緊張・警戒しています。この状態の組織は、多くの場合トップダウンの意思決定で動きます。

この段階では、何よりもメンバーがお互いを「知る」のが大切です。相互理解のためのコミュニケーションの量が必要です。多様性の高いメンバー同士がお互いを知ってリスペクトする土台をつくりましょう。

まずは5つの側面で紹介したようなフレームワークを自分自身で描いてみて、自身が知らないことを把握するのもよいでしょう。さまざまな側面から情報収集を行い、可能ならメンバー同士で相互にそういった「知る時間」を意識してつくっていくとよりよいでしょう。

【混乱期】

混乱期はお互いをある程度知り、意見の衝突が生まれる段階です。それぞれが自律的に動き出しますが、視点はそろっておらず思惑やゴールがぶつかります。まだ共創は生まれにくい状況です。

このフェーズはメンバーへの無意識のバイアスが生じやすい時期でもあります。ユーザーに対してバイアスが生まれるように、メンバーに対しても「前職のエンジニアはこうだったので、彼もこうだろう」といったバイアスが生まれます。

この段階では、**メンバーに対して深く「共感する」必要があります**。同情や思い込みで相手の性質を決めつけるのではなく、自身に無意識のバイアスがある可能性を意識して関係性を深めていきましょう。相手への質問を通して、メンバーの解像度を高めるコミュニケーションをしましょう。

【統一期】

統一期は組織のメンバー同士の解像度も高まり、メンバー同士の役割や期待がそろってくる時期です。適切な議論が生まれ、モチベーションも高まっていきます。

このフェーズでは組織の目的を可視化し、適切な目標を設定・修正し、足し算でなく掛け算の共創できる関係性を強めていきましょう。プロダクトやサービスの成長を通してメンバー同士の関係性を高めていくのがよいでしょう。
チームによって共創の形はさまざまです。フレームワークの型にはまらず、自分たちなりの共創を試行錯誤しながら見つけていきましょう。

【機能期】

機能期は組織として最もパフォーマンスを発揮できる状態です。結束力や連動性が生まれ、各エキスパートたちが相互に共創できています。
この段階では細かな調整は不要です。それぞれが共通の目標（ユーザー）に向けて自律的に共創できる状態です。この状態を維持できるように気を配りましょう。

ユーザー中心な組織は、この組織の成長フェーズを「ユーザー視点」という軸で統一し、共創からユーザー価値を生み出すことを目指します。

組織がどのフェーズにいるかに合わせて振る舞いを少し変えるだけで、効果的に影響を及ぼすことができます。例えば、形成期ではメンバーを知ることに注力し、混乱

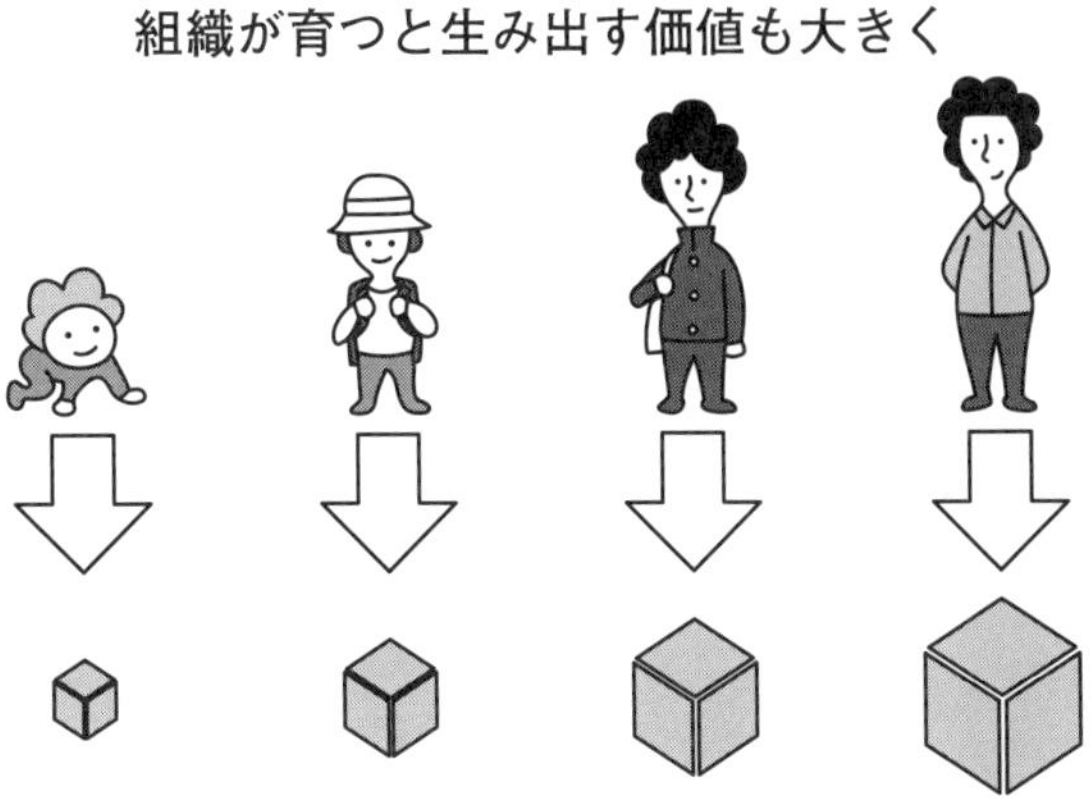

図：大きな価値を生み出すために、組織を成長させる

期は共感に注力するとよいでしょう。

ユーザー中心な組織の理想像は、ユーザーとともに成長できる組織です。はじめは小さな価値しか提供できなくても、ユーザーから受け取った対価を次の価値のために投資していけば、いずれ大きな価値を生み出せるようになります。

その意味では、ユーザーに価値を届けるモノづくりとは、一度限りの創作活動ではなく、長期的な「**組織を育てる活動**」と言えます。

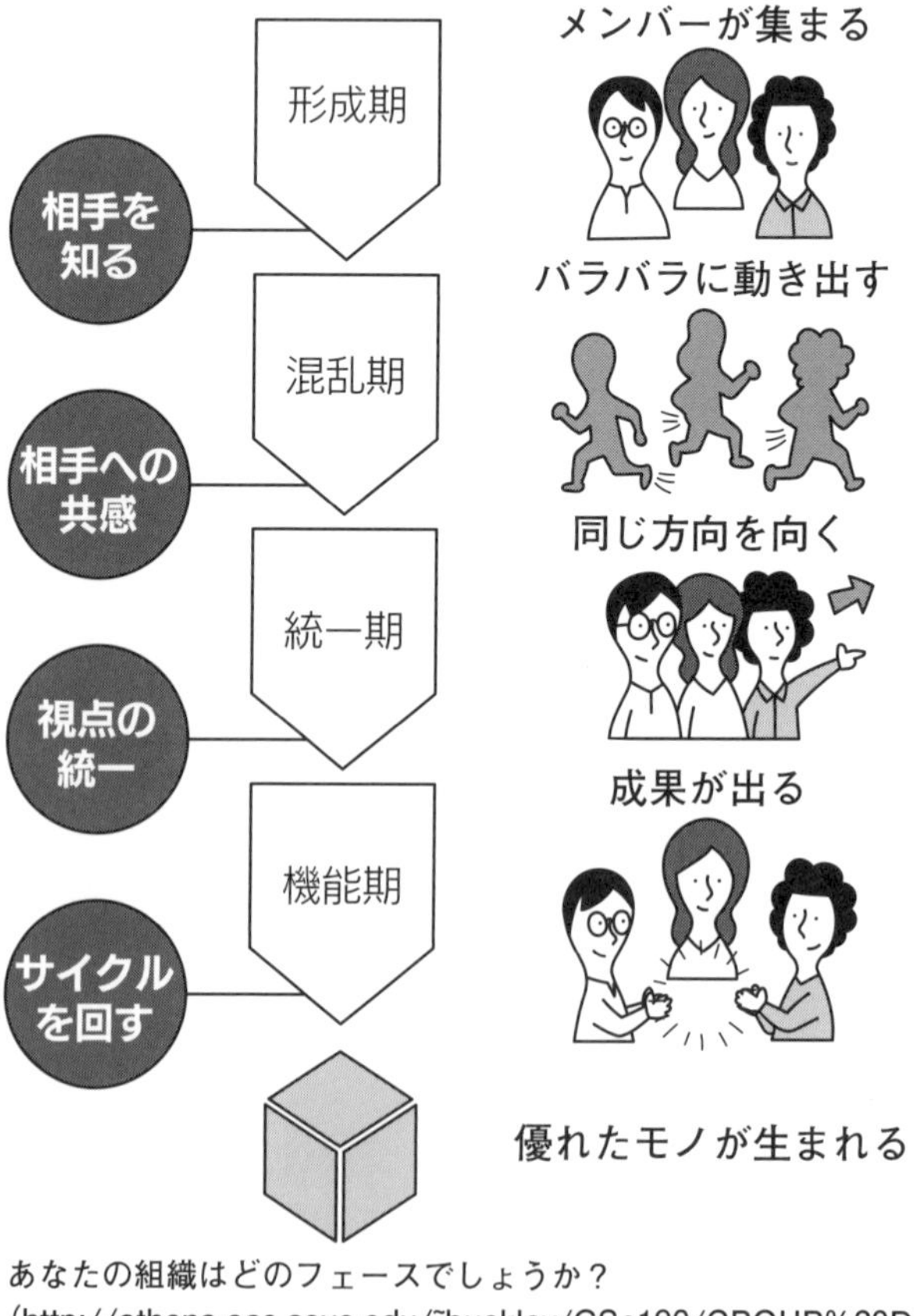

図：あなたの組織はどのフェースでしょうか？
（http://athena.ecs.csus.edu/~buckley/CSc190/GROUP%20DEV%20ARTICLE.pdf「Stages of Group Development」をもとに作成）

小さく行動する

組織を観察し、自分の振る舞いを変える方法について紹介しました。これからは勇気を出して一歩目を踏み出さなければいけません。ＯＯＤＡループでいう実行の段階です。

いろいろな手法を紹介してきましたが、これらを完璧に行う必要はありません。自分の理解しやすい部分からはじめ、気づいたことから小さく行動を起こしてみましょう。

小さな行動によって、次の観察や分析に有益な学びを得ることができます。このループを繰り返していくことで、徐々に行動の精度を上げていってください。

ここで注意してほしいのは、はじめから大きな行動を起こすことにこだわらないことです。「デザイン思考」や「リーンスタートアップ」など、外部から得たフレーム

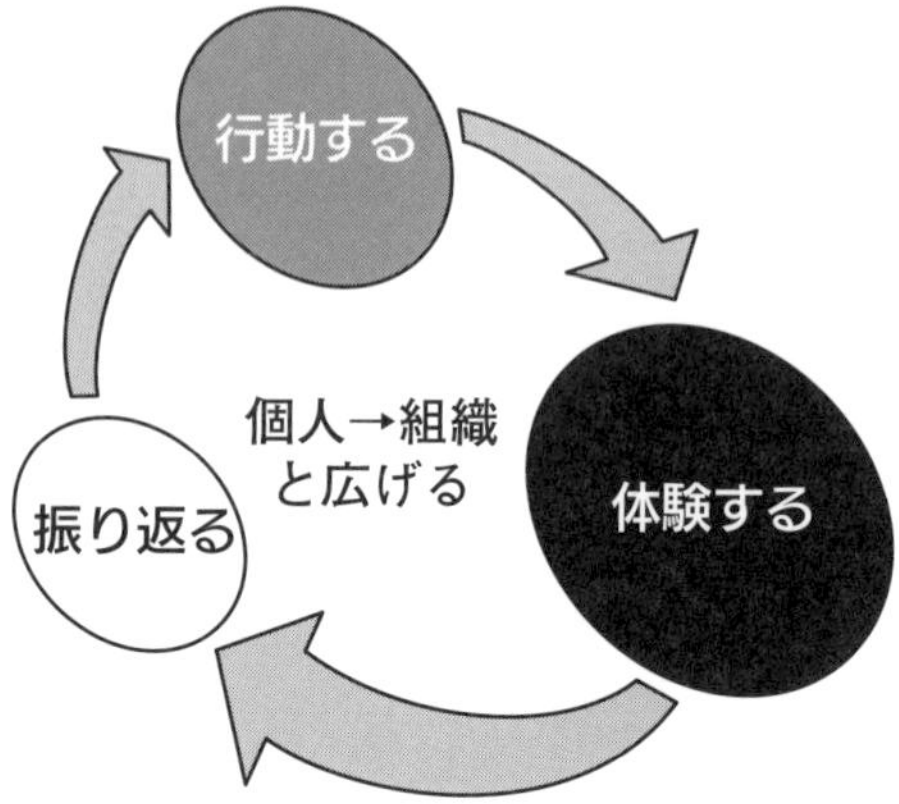

図：行動からはじめて改善のループを回す

ワークをそのまま組織やチームにあてはめても、大抵うまくいきません。

人を動かすためには、まず自分への「納得感」が必要です。

納得感は実体験の振り返りから生まれます。

自分が小さくできることからはじめ、その姿を周囲に見せることです。2人目の仲間が見つかったら、小さく成功できそうなことに取り組みましょう。この周囲を巻き込む方法については10章の「共創ムーブメント」で詳しく紹介します。

行動せずに組織やモノづくりは変えられません。行動がなければ、納得感を得ることは難しいからです。

行動に移すコツがあるとすれば、目の前にある課題をさらに小さく分解することです。ちょっとした質問や身振り手振りなどの小さなデザインからはじめましょう。

課題を分解する

一見大きく見える課題でも、注意深く観察すると小さな課題の集合であることに気づくことができます。まずは、大きく見える課題を自分ひとりで解決できるサイズにまで分解してみましょう。

例えば、チームが「何のためにプロダクトをつくるのか理解しないまま、プロダクトの仕様を決定して、明らかにユーザーにとって価値がない製品を生み出そうとしている」ことにあなたが気づいたとしましょう。

そのとき、「立ち止まって対象となるユーザーを決めましょう！」と声高に叫んでも、おそらく課題は解決しません。なぜ対象ユーザーを設定する必要があるのか、

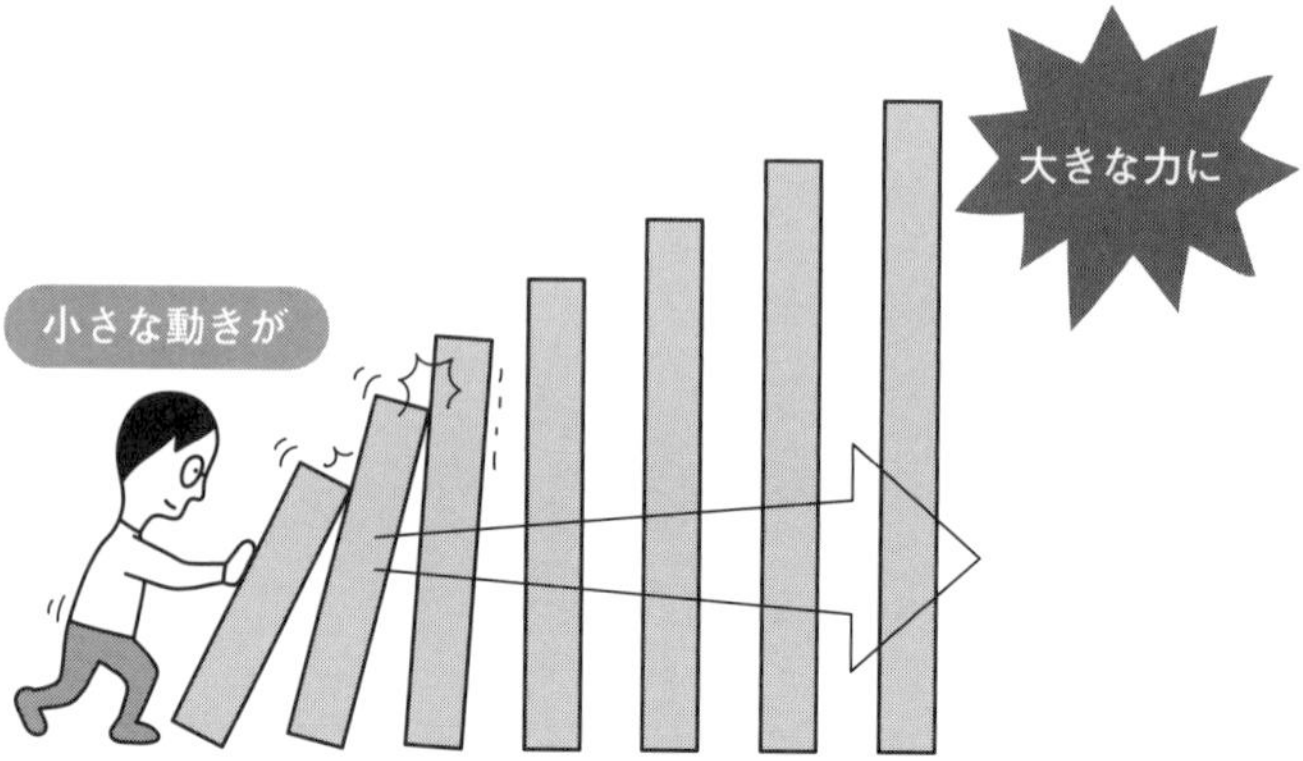

図：ドミノは自分の1.5倍のサイズのドミノを倒せる

チームの認識がそろっていないからです。

こうしたときは課題を小さく分解するために、課題の原因を分解しましょう。「対象ユーザーが定義されていない」という課題には、次のような背景があるのかもしれません。

- 実は定義されているのに、チームメンバーに共有できてない
- 納期やコストが限られていて定義づけのために時間を捻出できない
- そもそも定義することの必要性を感じていないメンバーがいる

気づいた課題に対して「なぜそうなっているのか？」という視点で観察すると、いくつ

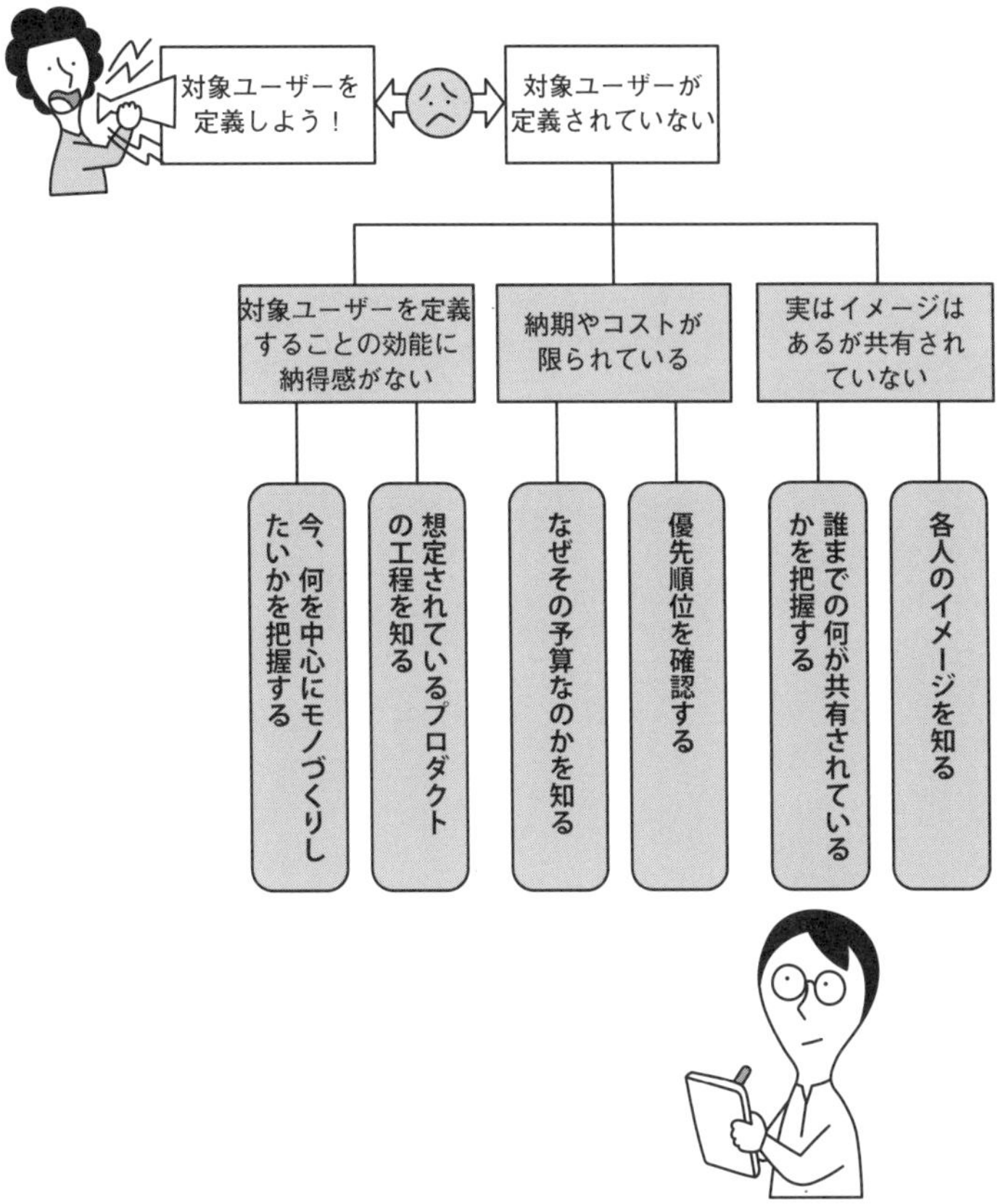

図：言葉を鵜呑みにせず、問題を分解してヒアリングする

Q あなたが抱えている課題は分解できていますか？

#UCO

図と一緒に自分の考えや体験をシェアしてみよう！➡

かの背景を想像できます。その背景は、もとの課題を分解した小さな課題です。その小さな課題が生じている背景を考えて、課題をさらに分解していきます。最終的に、ひとりで解決できるサイズまで課題を分解します。

小さな振る舞いをデザインする

課題を小さく分解できたら、その課題を解決するために小さく行動を起こしましょう。

行動の目的は、その行動によって新しい情報を収集することです。新しい情報を得られれば、次の観察に活かせます。これによって、組織の解像度も上がります。組織の解像度が上がると、もとの課題の解決する道筋が見えてくるかもしれません。

情報を得るための行動はヒアリングです。ユーザーインタビューをするように、必要なメンバーにヒアリングをして情報を集めます。

しかし、ヒアリングは時間がかかります。気軽にヒアリングに踏み出せない人もいるでしょう。新しい行動をするだけでも疲れるのに、続けることはもっと疲れてしまいます。

そういった場合は、**普段の「振る舞い」をユーザー中心に置き換えましょう。**「振る舞い」とは、どこに行き、誰と会って、何を話すかといったことから、何気なく発している言葉や身振り手振りまで含みます。小さなアクションを、少しだけデザインしてみましょう。

少し視点を変えて周囲を観察すれば、強力な味方が身近にいることに気づけるかもしれません。そのような相手との普段の振る舞いを以下のように変えてみることで、ユーザー中心なモノづくりの一歩を踏み出すことができるかもしれません。

普段の会話をユーザーインタビューに変える

普段の何気ない会話をユーザーインタビューに変えてみましょう。上司との1on1、いつものランチ、会議での質疑応答、何気ないコーヒーブレイクなど、これらの時間に「問い」を立てて会話すれば、それは立派なユーザーインタビューの時間に変わります。身近な会話をする前に、ユーザーインタビューの計画を立てて臨んでみましょう。

具体的なやり方については、2章の「ユーザーインタビューをしてみよう」を参考にしてください。

ユーザー中心な形で議事録をつくる

普段の会議の議事録は、そのまま発言録になっていませんか？

共感マップやリーンキャンバス、OKRの形で議事録を整理し直してみるとどうなるでしょうか？　営業の進捗報告もユーザー視点な情報の宝庫です。すでにある多くの情報をユーザー中心に書き換えてみることが、ユーザー中心なモノづくりの一歩になることがあります。

言葉をプロトタイピングしてみる

普段の何気ない会話は、プロトタイピングの場とも言えます。言葉は組織において

小さな行動のデザイン
周囲をよく
観察してみる
分からないことを
質問してみる
自分の考えを
発信してみる

図：あなたの日々の振る舞いを少しだけデザインし直す

一番小さなプロトタイプの形です。「こんな言葉をかけたらユーザー視点を持つことに興味を持ってくれるかもしれない」「協力してくれるかもしれない」という言葉を考えて、普段の会話の中で投げかけてみましょう。

小さな行動の積み重ねは、多くの人の心を動かしユーザー価値を生み出す組織へのムーブメントを起こす種となります。

小さくはじめてみよう！

本書で得た気づきを見つけてみよう

本書で紹介したユーザー中心な組織のための5つの要素の中で、あなたはどれがもっとも興味深かったですか？ なぜその要素に興味が湧いたのか、どんな課題があったのか、明日から何ができそうか、あなたの「気づき」を言語化してみましょう。

【回答例】私がもっとも気づきを得たのは「ビジョン」です。なぜなら、今つくっているモノが、誰を幸せにするモノなのか即答できなかったからです。私のつくったモノが、どんなユーザーに喜んでもらっているのかを調べる必要があると感じました。

この章のあなたの学びをシェアしてみよう！#UOC

10章

共創ムーブメント

ムーブメントの起こし方

9章では、ユーザー中心なモノづくりをはじめる第一歩として、あなたが行動を起こす方法を紹介してきました。一方で、あなたひとりだけの力では、ユーザー価値を生み出すことは困難です。
ユーザー価値を生み出すためには、共創を通して多くの人を巻き込む必要があります。小さな行動から、チーム、そして組織に影響を与えていくために、まずは2人目の仲間を見つけ出し、ささやかな共創を生み出しましょう。3人目、4人目と徐々に周囲を巻き込んでいけば、共創はやがて組織に拡がるムーブメントに成長する可能性を秘めています。この章では、ユーザー価値を生み出す**共創ムーブメント**の起こし方を紹介します。

「最初のフォロワーが重要な役割を担う」

図：最初のフォロワーが組織を変える

起業家でありミュージシャンでもあるデレク・シヴァーズ氏（https://sive.rs/）は、「社会運動はどうやって起こすか（How to start a movement）」というTEDの講演の中でこう語ります。

氏は聴衆に3分間の動画を見せます。動画はバカンスを楽しむ人々の中で突然ひとりの男性が上半身裸で踊り出すシーンからはじまります。そして「最初にリーダーは勇気を持って立ち上がり、嘲笑される必要がある」と語ります。

たったひとりで熱狂的に踊る男性に周囲の人々は冷たい視線を送りますが、一緒に踊りはじめる最初のフォロワーが現れます。フォロワーが周囲に呼びかけ、やがて他の人も

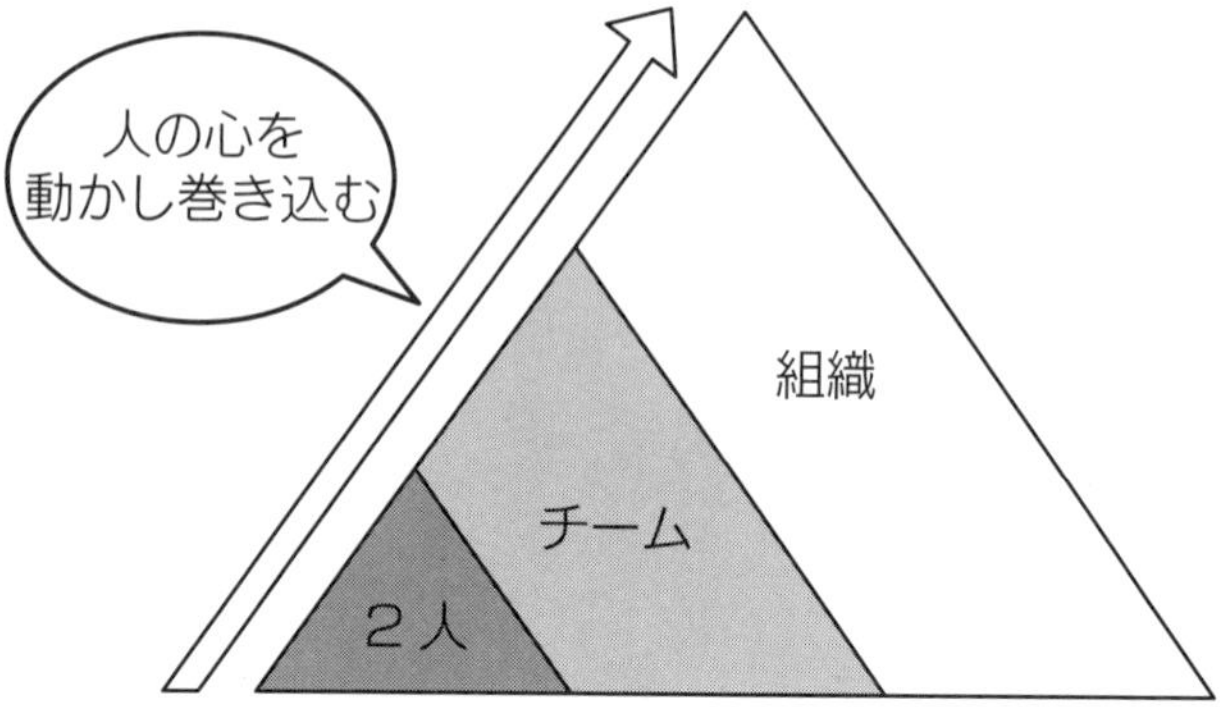

図：影響力の範囲を徐々に大きくしていく

次々と踊りに加わっていきます。

デレク氏は、この最初のフォロワーこそが「孤独なバカをリーダーに変える」と言います。最初のフォロワーがやり方を示せば、フォロワーのマネをして他の人も加わってきてくれます。

集団が大きくなれば、笑われたり目立ったりする心配もないので、集団に参加する人数はどんどん増えていきます。熱狂的に踊る集団になった場面を背に、デレク氏は「これが社会運動（ムーブメント）の起こし方です」と聴衆に語りかけます。

あなたが小さく行動をはじめられるなら、2人目を見つけ出してみましょう。最初に踊り出せなくても、たったひとりで何かはじめようとしている人を組織の中で見つけたら、勇気を持ってその人と一緒に踊ってみましょう。その人をリーダーにするためのフォロワーシップを発揮しましょう。

組織づくりも「人間」が中心

あなたと踊ってくれる2人目は、どうすれば見つけられるでしょうか。あなた自身が誰かのフォロワーとして踊りはじめるなら、あなた自身が勇気を持って踊りだせばよいだけです。一方で、あなたが踊りをはじめたなら、最初のフォロワーの勇気を引き出すために心を強く揺さぶらなければなりません。

ユーザー中心なモノづくりは、ユーザーに共感しユーザーのインサイトをとらえ価値を提供する取り組みです。組織づくりも同じように「人の心」を中心にサイクルを回すのが有効です。

人の心が関わっている限り、モノづくりを通してユーザーに価値を届けるのも、

行動を通してメンバーを動かすのも、本質的に同じだと私は考えています。

組織づくりにおいての「ユーザー」にあてはまるのは、あなたが普段から何気なく接している多くの「メンバー」です。最初は見向きもされないかもしれませんが、根気強くメンバーの解像度を上げて心を揺さぶりましょう。

メンバーの心を揺さぶるには、ユーザー中心なモノづくりと同じく、まずはよく相手や周囲の状況を観察してデータを手に入れることからはじめましょう。ここでも「無意識のバイアス」や「共感と同情の混同」に注意してください。身近にいるメンバーだからこそ、ユーザーよりもバイアスに強くとらわれ、共感のつもりで同情してしまうおそれがあります。

「あの人は役職も上だから何でも知っているはず」「エンジニアはどう商品を売っているかなんて興味はないだろう」「上層部は現場をわかろうとしていない」。確かめてもいないのに、こんな風に決めつけてはいないでしょうか? 職種が同じという理由だけで、きっと自分と同じように悩んでいると決めつけていませんか。

ユーザー中心な組織をつくり出すための起点となるのは、あなたの身近なメンバーのひとりです。

本書で得たユーザー中心なマインドセットを、組織で一緒に働く仲間にも向けてみましょう。

組織づくりにおける共感

組織のメンバーと一般のユーザーでは、ユーザー視点の使い方にちょっとした違いがあります。その違いの中で特に意識してほしいことをまとめます。

ユーザーとメンバーの一番大きな違いは、**同じ場所に集い、同じ目標に向かってともに協力し合う同士ということです**。ユーザーと同じく、メンバーを理解するには、相手への深い共感が必要です。しかし、メンバーは、ともに働き同じ目標を共有する仲間という点で、まだ見ぬユーザーとは異なります。ユーザーにはモノづくりを通して影響を与えることになりますが、メンバーに影響を与えるのはあなた自身です。

共感は、2人目を見つけるためだけでなく、共創できる関係になりムーブメントをより大きくするためにも役立ちます。組織のメンバーに共感し、感情を動かす方法と

メンバーの声
それはできない
時間が
限られている
実際にできる
イメージがない
あなたへの
信頼がない
深い観察から
メンバーへの
インサイトを見つけ出す

図：共感からメンバーのインサイトに気づく

して、アメリカの作家、デール・カーネギー氏は、著書『人を動かす』の中で次のような三原則を紹介しています。

①「盗人にも五分の理を認める」

「あなたは間違っている」と否定しても、隣人の行動は変わりません。否定ではなく、隣人の理解にエネルギーを使いましょう。あなたから見たら不合理にみえても、隣人には隣人の、正しいと考える行動原理がありま す。

②「重要感を持たせる」

多かれ少なかれ、人には誰かに認められた

いという欲求があります。どんな人間にも、優れた点があり学ぶべき点があります。隣人の優れた面を見つけ出し、惜しみないリスペクトを示しましょう。

③「人の立場に身を置く」

隣人を動かすには、隣人の心に強い欲求を起こす必要があります。ユーザーのインサイトを探るように、常に隣人の立場に身を置いて、その人自身が気づいていない欲求を見つけましょう。

組織においても、まずは隣人というひとりのプロトペルソナを通じて組織全体にアクションを起こしていきましょう。姿かたちの見えないユーザーと違って、**組織のメンバーはあなたがすぐ話しかけられる場所にいます。これは大きなアドバンテージです。**

改革を押し付けてはいけません。ユーザー中心なマインドセットを持ち、ともに働くメンバーに**「隣人へのユーザー視点」**で接していきましょう。

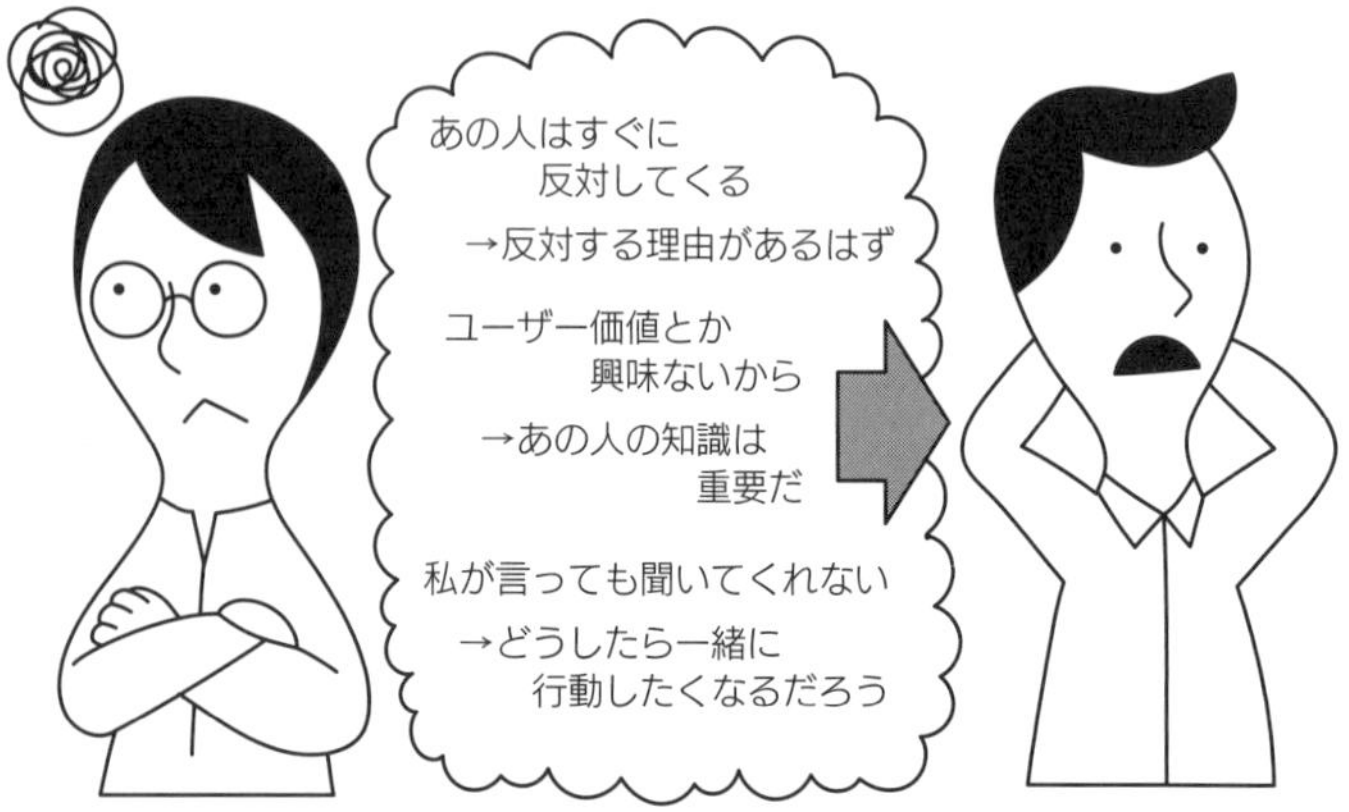

図：組織づくりも共感からはじめる

Q 身近な隣人のリスペクトできる点をあげてみましょう。

#UCO

図と一緒に自分の考えや
体験をシェアしてみよう！➡

組織づくりのプロトタイピング

モノづくりと同じように、組織づくりも目的や視点をそろえることで目的地にたどり着きやすくなります。向かうべき場所が決まっていなければ、現在進んでいる方向が正しいかどうかの判断もできません。手当たりしだいに行動を繰り返し、いつのまにか「こんなはずではなかった」と後悔しないためにも、まずは目的を定めて小さく方向修正しながら前に進んでいくことが目的達成の近道です。これは本書でも紹介しているプロトタイピングの考え方と同じです。

本書を手にした方は、多かれ少なかれ「価値を届けるモノづくりをしたい」という目的を持っているはずです。ユーザー視点で共創できる組織を願うなら、「組織がどうなればユーザーに価値を届けられるのか」という目的を明確にしましょう。

想像してみてください。

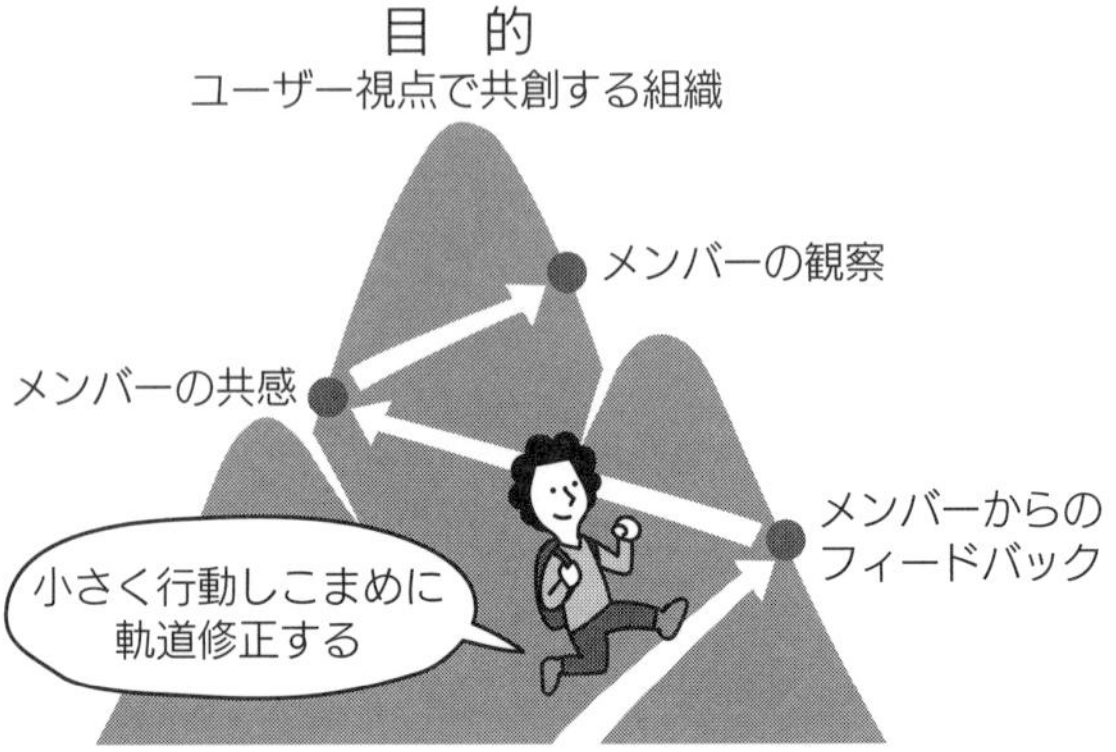

図：大きな目的に向かって軌道修正を繰り返すのは、モノづくりも組織づくりも同じ

もし価値を届けるモノづくりを達成したとき、あなたの隣にいるメンバーはどんな姿で働いているでしょうか？

生き生きと活躍しているのでしょうか。ユーザー中心な組織の5つの側面を思い出しながら、できる限り具体的に思い浮かべてみましょう。これはユーザー中心な組織のあり方を、あなたの組織にあてはめたときにどのように変容しているのかを想像したものです。

ケース1

これまで「販売戦略上はこちらがよい！」「こちらのほうがクリエイティブだ！」と対

影響力のネットワークで組織はすべてつながっている

図：あなたの影響力は組織全体につながっている

立していたセールスとクリエイターが、ともにリーンキャンバスを描き、互いの目指すビジネスの形をユーザー視点から共通化し、同じ目的に向かって共創している。

ケース2

上からの命令を制作するだけだった開発プロセスが、ユーザー視点の検証サイクルを日々回している。開発の現場が直接ユーザーと向き合いながら改善のサイクルを回すことで、すばやい意思決定により優れたユーザー価値を提供できている。

ケース3

意見を言い合えずギスギスしていたエキスパート達が、尊敬しあって活発に議論している。関係性のグッドサイクルが回り自然とユーザー中心なモノづくりができている。

2人目のフォロワーの先にいる多くのメンバーがどうなってほしいかを明確にしてムーブメントを起こしましょう。目的が明確になっても、すぐにうまくはいかないでしょう。組織づくりはプロダクトづくりと同じく不確実性との戦いです。成長する組織であればメンバーの入れ替わりも激しく、1年後どんな組織になっているのかすら誰にも予想できません。

これまでに紹介した小さな行動の起こし方はプロトタイピングでいう「MVP（検証可能な最小限のプロダクト）」です。まずは目的を具体的に定め向かう視点をはっきりさせましょう。そのうえで、モノづくりと同じく細かく軌道修正をしながら「小さな行動」というプロトタイピングを繰り返しましょう。

関係性に影響を与える

2人目、3人目のフォロワーの先にいるさまざまな人々にムーブメントを伝えていくのは、組織の関係性に影響を与えることです。

「組織」とは何でしょうか？

「場所」でしょうか？

「枠組み」でしょうか？

私は、**組織とは「人間と人間の関係性の集合体」**と考えています。個人と個人がお互いに与える影響が関係性であり、関係性の集まりが組織です。

組織におけるすべての人間の間に関係性は存在します。その関係性は、あなた次第でどのようにも変化します。つまり、あなたが隣人に小さな影響を与えただけでも、組織は少しずつ変化していきます。

たとえ無意識であっても、あなたの日々の振る舞いは関係性に影響を与え、変化を生み出していきます。日々の小さな振る舞いを意識的にデザインしていきましょう。目的を持って組織の関係性を観察しながら行動をプロトタイピングすれば、組織は日々あなたから影響を受け形を変えていきます。

普段何気なく行っている「無意識の振る舞い」を「意識的な振る舞い」に変えていくことがユーザー中心な組織へのムーブメントにつながります。

これまで、ユーザー中心な組織の5つの側面から気づきを得て、問題を分解し小さく行動すること、そして、その行動をより多くの人との共創につなげるためのムーブメントの起こし方を解説してきました。

ムーブメントに至る一連の流れは、新たに特別な行動を必要としません。必要なのは、普段の仕事の中の振る舞いを少しだけ変えることです。日頃の仕事の中で、メンバーを観察し・分析し・試して学ぶというユーザー中心なサイクルを回すことです。こうした小さな振る舞いから関係性に少しずつ影響を与えていけば、組織の視点を合わせ、ユーザー価値を生み出すことができるでしょう。

組織における学習のサイクル

最初の一歩を踏み出せたとしたら、次は継続的な学習のサイクルを回しましょう。組織でモノづくりをしていくうえで、欠かせないコミュニケーションは会話です。そして、ユーザー中心なモノづくりに欠かせないプロセスは、観察と実行を繰り返す学習のサイクルです。ユーザー中心な組織をつくるポイントは、日々のコミュニケーションをいかにユーザー中心なサイクルに変えていくかです。

コミュニケーションをユーザー中心なサイクルに変えるためには、メンバーへのインタビューからはじめるのがお勧めです。身近にインタビューしたい人が見当たらなければ、「ユーザー中心な組織の5つの側面（4章から8章）」を整理する中で、気になった人にインタビューしてみましょう。組織の中で異なる役割を担っていても、「この人と話してみたい」と思った人がきっといるはずです。

話してみると意外と近くに２人目が見つかることが多い

図：組織におけるインタビューは、ムーブメントのきっかけでもある

- 組織のビジョンを整理するために話を聞きたいと思った人はいませんか？
- リーンキャンバスで埋められなかった項目を詳しく聞けそうな人は誰ですか？
- 組織カルチャーについて、「関係性の質」を憂いている人はいませんでしたか？

堅苦しいインタビューは必要ありません。ランチやコーヒーブレイクに誘ってみましょう。**「ちょっと雑談でもしませんか」という一言が、組織全体をダンスに巻き込むムーブメントのはじまりになるかもしれません。**

すべてのインタビューがムーブメントの起点になるわけではありません。一度の失敗で諦めてはいけません。**ムーブメントにつながらない行動もすべて「学び」になります。**

相手の反応が鈍かったら、別の切り口を考えて伝えてみましょう。その人とのコミュニケーションがどうしてもうまくいかなかったら、別のメンバーに声をかけてみましょう。

失敗続きでモチベーションが下がるときがあるかもしれません。しかし、行動がうまくいかなかった理由を分析すれば、次につながるヒントがきっと見つかります。

組織を変える活動も、モノづくりと同じように平坦な一本道ではありません。失敗は「目的につながらない道をまたひとつ知ることができた」という学びです。

ひとつひとつの行動を使い捨てにせず、学びのサイクルを回していきましょう。**行動を学びに変えていくマインドセットこそが、ムーブメントの基盤です。**あなたがささやかな行動を続ける限り、サイクルは前に進んでいます。

ストーリーを発信する

組織でのムーブメントを拡大するポイントは、自分たちの活動を発信することです。組織においては、自身の行動が必ずしも周囲の人々に見えているとは限りません。いつも見晴らしのよい場所でダンスできるとは限りません。3人目、4人目のフォロワーを見つけるには、意識的に自分達の活動を発信しましょう。

ここでも、組織に対する「ユーザー視点」が必要です。大きな声で自分たちのすばらしさを声高に訴えるような方法では、人々の心は動きません。

組織に対して、自分たちの活動を効果的に発信するには、「ストーリーテリング」が活用できます。ストーリーテリングとは、「なぜその活動をはじめたのか」「自分たちはどんな印象的な体験をしたのか」「どんな未来を目指しているのか」といった情報を、体験談やエピソードなど他者が想像しやすい形で発信する手法です。近年は、ブランディングやマーケティングなどの分野でも注目されています。

ストーリーテリングは、ただ事実を伝えるのに比べて、情報をより具体的に想起させ、共感を呼び起こす力があります。

あなたは「なぜ」それをやりたいのでしょうか。2人目を見つけるインタビューで印象的な出会いはあったでしょうか。未来にどんなビジョンを描いているのでしょうか。これらの情報を共感が得られる形のストーリーにして発信していきましょう。

あなただけがストーリーの語り手とは限りません。最初のフォロワーになってくれた2人目、またはそれを見て踊りだしてくれた3人目、4人目もストーリーの語り手になりえます。ひとりが2人に伝え、2人が4人に伝えて活動は大きくなっていきます。

一緒に踊る仲間が主体的に関わり、自分の背景で他者にストーリーを伝えられれば、組織は変わりはじめます。

ストーリーで世界を動かす

図：あなたのストーリーを発信していくことで組織が動く

Q あなたの成し遂げたいことは？ また、なぜ成し遂げたいのでしょうか？

#UCO

図と一緒に自分の考えや
体験をシェアしてみよう！➡

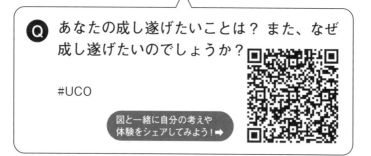

自身の「なぜ」を発信する

ストーリーを活用して周囲を巻き込んでいくためには、まず自分自身を深く知ることが重要です。ストーリーの主人公であるあなたの動機や状況を整理してみましょう。

アメリカ人作家のサイモン・シネック氏のTEDにおける講演「優れたリーダーはどうやって行動を促すか」の中に、「Why（なぜ）からはじめよ」という言葉が出てきます。サイモンは、**「ヒトは本質的に『なぜ』という背景に心を動かされる」**と語ります。

あなたが持つ影響力を組織で最大化するには、まず自分自身がなぜ組織を変えたいと願っているのか、ささやかでもムーブメントを起こしたいと考えているのか、見つめ直してみましょう。自分の「なぜするのか」を言葉にして、周囲に知ってもらいましょう。

自分を俯瞰して把握するために、以下のことを自分に問いかけてみましょう。

図：俯瞰の視点から自分の「できること」を整理してみる

【問1】

- **・自分のゴールは何ですか？**
- **・なぜゴールを達成したいのですか？**

【問2】

- **・そのゴールにおいて自分の強み（できること）は何ですか？**
- **・そのゴールにおいて自分の弱み（できないこと）は何ですか？**

周囲のメンバーはあなたのどんな「なぜ」に心を動かされて協力してくれますか？ 協力してくれるメンバーにあなたはどんな強み

を提供できますか？　また、自分が苦手としていて、仲間に助けてほしい部分はどこですか？

あなたの「なぜ」は組織への求人票のようなものです。どこへ向かっているのか、何ができるのか、何を必要としているのかを明確にすることで、人は手を差し伸べやすくなります。

ストーリーを発信していく中で、自分のモチベーションの根源や、自身ができること、必要な仲間などを伝えていくことで、共創できる仲間を増やしていきましょう。

わたしの共創ストーリー

共創のムーブメントの起こし方にはさまざまな方法があるかと思います。おわりに私の経験談を紹介します。

私は「自分のつくり上げたモノでより多くのユーザーに価値を届けたい」と思いデザイナーになりました。

デザイナーになった当初は、空回りばかりでうまくいかない日々が続いていました。いま思うと、「こうすれば価値あるモノづくりができる」とさまざまなフレームワークを持ってきて、仕事を増やす私をうるさい存在だと感じていた同僚もいたかもしれません。

ある日、同僚と食事に行くと「組織にユーザー中心なデザイン手法を浸透させたい」と相談されました。どうやら私が同じような思いを日々発信していたことを知ってくれていたようでした。私はその人のフォロワーになろうとすぐに行動に移しました。

このときは、2人で話題の本を読み合う勉強会からはじめました。そして、社内のチャットツールに「UX（ユーザー体験）勉強会」という名の非公式なグループをつくりました。私と同僚は少しずつ取り組みを発信して、それを見て興味を持ってくれた人々を部署・役割を問わずグループに加えていきました。

最初は読書会で得た知見を共有し合うだけのグループでしたが、しばらく経つと、グループで得た知見をそれぞれのチームで試すメンバーが出るようになりました。失敗もありましたが、ときどき**小さな「うまくいった事例」が生まれました。**

サービスのユーザー数が少し上向くと、マーケティング担当者がこの活動を気にしてくれるようになりました。これまで売れなかった属性のユーザーがプロダクトを購

まずは熱狂できる数人のメンバーでギルドをつくる
図：熱量の高いメンバーで小さなギルドを立ち上げる

入してくれるようになると、セールス担当者も声をかけてくれるようになりました。

部署を横断して人が集まり、できることが増えてくると、徐々に大きな事例も生まれはじめます。

やがて、最初は見向きもしなかったメンバーも注目してくれるようになります。 こうした動きが経営層に伝わり、非公式だったUXデザインのチームが正式に立ち上がることになりました。

自分ひとりで大きなアウトプットを生み出していないにもかかわらず、少しずつユーザーに向き合ったモノづくりがはじまり、少しずつプロダクトやサービスも形を変えていきました。小さな会話から始まった小さなダンスが、組織を共創させるムーブメントに変わったのです。

組織の中で、誰かが一歩を踏み出すのをためらっているのを見かけたら、あなたが背中を押す役目をしてあげましょう。

あなたが背中を押した人は、いずれはあなたの背中を押してくれるかもしれません。

共創する組織を生み出すという活動もまた、組織づくりという共創の一部です。

小さくはじめてみよう！

あなたの〝なぜ〟を言葉にしてみよう

あなたが成し遂げたいと思っていることは何ですか？「なぜ」そう思っているのでしょうか？ 現在や過去の自分の気持ちに向き合って言葉にしてみましょう。

【回答例】私がデザイナーの仕事をしているのは、世の中にある優れた技術やアイデアを多くの人に届けたいからです。技術やアイデアによって多くの人の生活を豊かにするために、デザインの力でその価値を引き出すことに挑戦しています。

この章のあなたの学びをシェアしてみよう！#UOC

おわりに

ユーザー中心なモノづくりにとっては、何よりも「**心を動かす**」のが重要です。あらゆる仕事に人間の心が関わるようになってきています。ユーザーが意味的な価値を感じるかどうかは、ユーザーの心が左右します。一緒に働くチームが協力しあえるかどうかも、心の持ち方が大きく作用します。隣人に力を貸してもらえるかどうかも、あなたが隣人の心を揺さぶれるかどうかにかかっています。そして、新しいユーザー価値を生み出すのは、「共創」という、行動をともにする人々との心からのコラボレーションです。

勇気を持って行動できれば、共創までの道のりは難しくはありません。

「ユーザー視点を中心とした共創までの一連のプロセスが一部の専門家だけのものではなく、モノづくりに関わるすべての人にとって身近になってほしい」

これが、私が本書を執筆しようと思った「なぜ（動機）」です。

私は、人はみな自分にしかできない能力を持ったエキスパートだと思っています。個人のスキルには優劣があると感じがちですが、そんなことはありません。より多くのエキスパートが、ユーザー視点という旗印のもとで共創できれば、よりすばらしい価値が世の中にあふれると確信しています。

あなたは「なぜ」よりよいモノをつくりたいと考えたのか、いま一度思い出してみてください。あなたが何のために行動を起こそうとしているのか？　その原点に立ち返りましょう。

その「なぜ」からほんの少し行動をデザインすれば、あなたの「なぜ」は社会の心を動かす一歩になるでしょう。

図：本書があなたの一歩を後押しし、その先に
価値があふれる世界がありますように

本書は、あなたの心を動かせたでしょうか？

著者プロフィール

金子剛／600株式会社ExperienceLead
新卒でヤフー株式会社に入社、株式会社サイバーエージェントで新規事業のデザイナーとしての下積みを経て、株式会社リブセンスで開発チームのリーダーを担当。弁護士ドットコム株式会社でデザイン部を立ち上げ後、現在は無人ストア事業のスタートアップにてWEBを飛び出しハードウェアのExperienceを設計中。傍らで、多数のスタートアップの採用顧問や、新規事業立ち上げサポートを複業で行う。UXデザイナーとしての自身の経験を元に、ユーザー視点を基に、役割や所属を越境して共創するモノづくりを推進したいと共著の並木と役割を越えて本著を執筆。

並木光太郎／弁護士ドットコム株式会社企画編集部　ガイドコンテンツ責任者
法科大学院を経て弁護士ドットコム株式会社に入社。オウンドメディア「弁護士ドットコムニュース」で、時事的な話題や身近なテーマを法律的な切り口で解説する記事の執筆・編集に従事。現在は、法的トラブルに悩むユーザーのための法律ガイドコンテンツの作成を中心に、法曹業界の旬な話題など弁護士に向けた記事なども執筆。法をテーマに様々な読者層に向けたコンテンツを発信している。本書の制作に関わったことで組織（チーム）づくりに目覚める。「個」の力が重視されがちなライティングの領域で共創を生み出すにはどうすればいいのか模索中。

Staff
カバーデザイン：小口翔平（tobufune）
本文デザイン：大城ひかり（tobufune）
DTP：朝日メディアインターナショナル株式会社
本文イラスト：青木健太郎（セメントミルク）
編集：高屋卓也

■本書についての電話によるお問い合わせはご遠慮ください。質問等がございましたら、下記までFAXまたは封書でお送りくださいますようお願いいたします。
〒162-0846
東京都新宿区市谷左内町21-13
株式会社技術評論社雑誌編集部
FAX：03-3513-6173
「ユーザー中心組織論」係
FAX番号は変更されていることもありますので、ご確認の上ご利用ください。
なお、本書の範囲を超える事柄についてのお問い合わせには一切応じられませんので、あらかじめご了承ください。

ユーザー中心《ちゅうしん》組《そ》織《しき》論《ろん》

あなたからはじめる心《こころ》を動《うご》かすモノづくり

2021年4月29日　初版　第1刷発行

著　者　金《かね》子《こ》剛《つよし》、並《なみ》木《き》光《こう》太《た》郎《ろう》
発行者　片岡　巌
発行所　株式会社技術評論社
東京都新宿区市谷左内町21-13
TEL：03-3513-6150（販売促進部）
TEL：03-3513-6177（雑誌編集部）
印刷／製本　昭和情報プロセス株式会社

定価はカバーに表示してあります。

ISBN978-4-297-11997-3 C3055

Printed in Japan